エッセンス！

フレーバー・フレグランス

～化学で読みとく香りの世界～

櫻井 和俊　日野原千恵子
佐無田 靖　藤森　　嶺

三共出版

はじめに

植物の素晴らしい香りは誰もが嗅ぐことができるが，香りの勉強は難しい。何をどのように学ぶのかがわからない。そう思っているかたはたくさんおられるであろう。

香りをよく知るためには，１つ１つの香り物質を嗅いで知ることと有機化合物である匂い物質を化学的に知ることの２つの作業が必要である。この２つは一般の人にとっては容易なことではない。香りを嗅ぐことは天然香料であれば販売されているものもあるのでいくつかは嗅ぐことができるが，それは何百もの香気成分の混合した香りであり，１つ１つの匂い物質は少量販売されていないので入手できない。一方，化学的理解はわかりやすい教科書があればだれでも学ぶことができるはずであるが，化学を専門としていないかたが取り組むにはなかなかエネルギーが必要である。

このような状況を踏まえ，香りの化学的理解に重点を置きながら，香り全体の理解を確実にするために，検定という方法で誰でも香りの勉強ができるようにしていく道を開くことを考えた。フレーバー・フレグランス検定を対策講座で香りを確かめながら３級，２級，１級と進んでいけば，香りのことをよく理解できる。「アロマブレンダー®」という称号も得ていただきたい。

本書は，香料業界で第一線の仕事をしてきた研究者や大学で香料関係の教育研究を行ってきた者が討議を重ねて，アロマやアロマテラピー，調香などに関心があり香りの勉強を目指す方々に，あるいはこれから香料の世界に入ろうと考えておられる方々に香りの基礎知識をわかりやすく伝えようと工夫して書かれたものである。この一冊で化学の考え方での香料の理解ができるようになる。目標を持っての勉強で達成感も味わっていただきたい。

本書の出版にあたって，三共出版　秀島　功氏に大変お世話になりました。厚く御礼申し上げます。

2018年８月

著者を代表して

藤森　嶺

目　次

4 香料の歴史

5 抽出と分析の基礎

6 香料の原料

7 フレーバー

8　フレグランス

9　合成香料

10　分　析

11　香料の合成

12　官能評価

13　安全性と品質管理

1

香りを学ぶ

花は匂いを細胞内で合成し，発散させている。
食べ物のおいしさには匂いがとても重要な役割をしている。
化粧品はその機能性も重要であるが，よい匂いがしなければ買う気になれない。
いまわたしたちの生活にはいろいろな匂いが登場してくる。匂いの多くは生物が作り出した揮発性の分子である。これらの分子たちはどのような構造をしているのか，人間はなぜそれらを合成するようになったのか。

1-1　香りの科学

音楽の世界には音符がある。ヒトの知恵として作られた記号である。この記号があるから世界中のどこでも同じ音楽が楽しめる。ただし，楽しむためには音符の意味を知っておく必要があり，楽譜を読む勉強は必要である。香り分子も元素記号を使って記号として表記できる。

いま私たちは倍率がものすごく高い魔法の虫眼鏡で見た香りの分子の形をさらにシンプルに省略して描いて「化学構造」として香料の本の中に見ることができる。分子は立体的なもの，つまり三次元的なものであるから二次元である紙面に描くには難しく，ルールを決めて書く。

簡単な例として右のエタノールを示す図を見てみよう。エタノールはエタンという炭化水素の 1 つの水素の代わりに OH が結合したもので，炭素原子が 2 個，水素原子が 6 個そして酸素原子が 1 個からなり，分子式は C_2H_6O である。一番上にあるのは分子模型で，グレーが炭素原子，赤が水素原子，黒が酸素原子である。それを紙の上に表現したのが構造式で，各原子のつながり方はわかるがどのような角度で結合しているかは表現できない。次の示性式は文字と数字のみなので書きやすく，また官能基も識別もしやすい。簡略した書き方は炭素原子を両端と角で示し，すっきりしている。一番下の立体構造式は三次元的な表示のしかたである。

香りの分子を化学の目で見れば，分子量，炭素数，官能基に注目したい。大まかにいえば，分子量が小さければ揮発しやすく，大きければ揮発しにくい。しかし，揮発しやすさは官能基が何であるかによっても影響を受ける。官能基はその分子の性質を決める要因なので，一般に香料を分類するのには官能基ごとに仕分ける。嗅覚受容体は香りの分子の全体的な構造も認識するので，官能基のみで香りの特徴との相関を言うことはできない。

分子の描き方

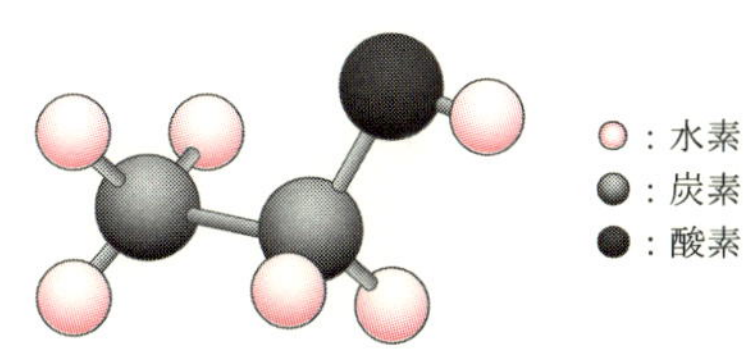

エタノールの分子模型

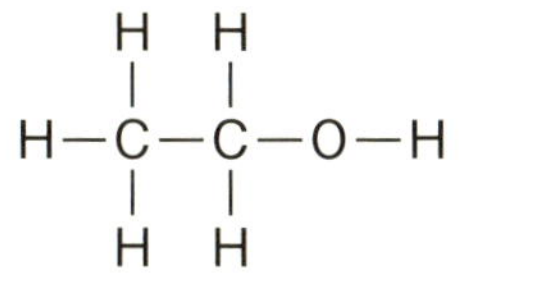

CH_3CH_2OH

構造式
原子間のつながりがわかりやすい書き方

示性式
構造式より簡便な書き方

簡略した構造式　共有結合を実線で表す。二重結合なら2本の実線。

H　H
H—C——C——O—H
H　H

立体構造式　分子の真の形に近づけた書き方

紙面の手前に突き出している結合は実線のくさび形
紙面の裏側に突き出している結合は点線のくさび形

1-2 香りの分子

香りは揮発性物質の分子である。分子は原子が結合したものである。

46 億年前に地球が誕生し，38 億年前に原始的な生命体が水中に誕生したと言われている。原始的な生命体が進化して 20 億年前に緑色植物が出現し，光合成を始めることにより酸素が放出されるようになったものの，それは鉄イオンと結合し固体として蓄積され，3 億 4 千年前になってやっと大気中にも酸素が存在するようになったという。光合成の反応では炭酸ガスと水を原料にして炭水化物が合成され酸素が排出される。原始大気中に当初あった水素，ヘリウムは軽いので宇宙空間に飛んでいき，現在の大気では，量の変動する水蒸気を別扱いにすると，窒素が 78.1% と圧倒的に多く，酸素が 21.0%，アルゴン 0.93%，炭酸ガス 0.03% という大気組成である。

なぜ香りの話をするのに地球上の元素のことから書き出したかというと，香気物質を組成する元素のことにまず触れたいからである。香気物質を構成するのに主に使われているのは水素，炭素，酸素である。この他でわずかに登場する元素は窒素と硫黄のみである。含硫化合物はごく微量の存在が極めて重要な場合がある。香気物質が生産されるのは主に植物細胞の中であり，例えばテルペン化合物は糖の代謝系から派生して酵素的反応で生産される。植物細胞内の脂肪酸類から生成する香気物質もある。天然香料は植物細胞内で酸素反応に基づく生合成により生産される。一方，合成香料は生物の死骸由来，つまり化石燃料から人為的な手法で化学合成されたものであるが，何を原料にしているかといえばこれも生物に由来すると言える。合成香料のごく一部は天然から見つかっていない構造であるが，大半の香料についてみれば天然と合成の違いは合成の方法の違いだけであり，化学構造，つまり物質としては同じである。

生物が作る香り分子

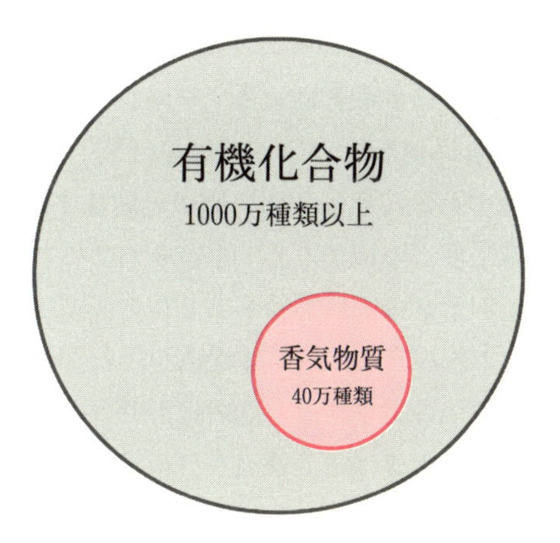
有機化合物
1000万種類以上
香気物質
40万種類

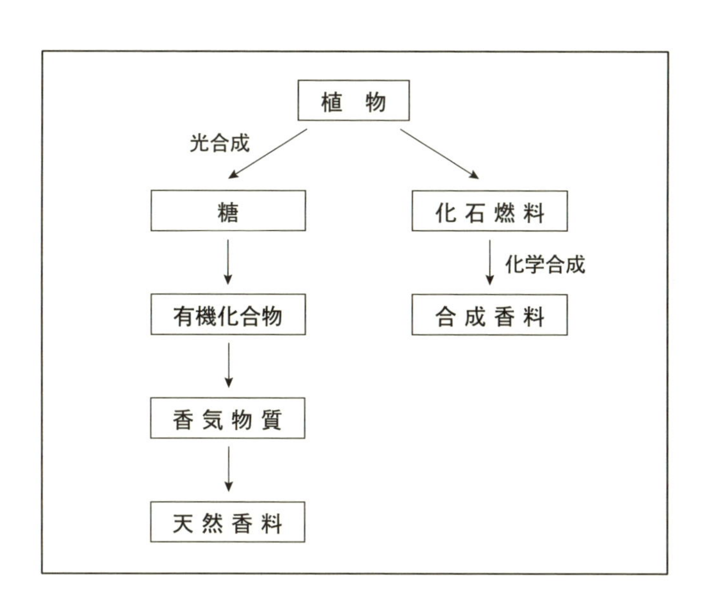
植　物
光合成
糖
化 石 燃 料
化学合成
有機化合物
合 成 香 料
香 気 物 質
天 然 香 料

1-3　40万種類の香り分子

微妙な香りの違いを感じとるところに香りの世界の面白さ，奥深さがある。香り分子は40万種類と言われている。香気物質を構成する原子は主に水素，炭素，酸素の3元素だけであるというのに40万種類にもなる理由は炭素原子が香り分子の骨格を作っていることによる。炭素原子は6個の電子を有するが，他の原子と結合することに使われているのは最外殻のL殻を回っている4個の電子（価電子）だけであるために4個の原子と結合する。4個の原子と結合できることにより非常に多くの種類の分子を産み出すことができ，それらは有機化合物と総称される。水素は1個，酸素は2個の原子としか結合できない。4個の原子との結合でできる形は正四面体構造をとることがわかっている。電子は電子殻の中の何種類かの電子軌道（副殻とも呼ばれる）に存在しているが，原子同士が近づき結合するときは電子軌道が再編成されて混成軌道が形成されると考えられている。炭素–水素の結合の際には，炭素のL殻にある二種類の電子軌道から4個の混成軌道が作られる。この混成軌道の電子と水素の電子とがペアーとなり4個の炭素–水素結合が図のように出来上がる。炭素原子が正四面体構造をとるということは，炭素原子が骨格を作る香り分子は平面的ではなく，立体的なものである。

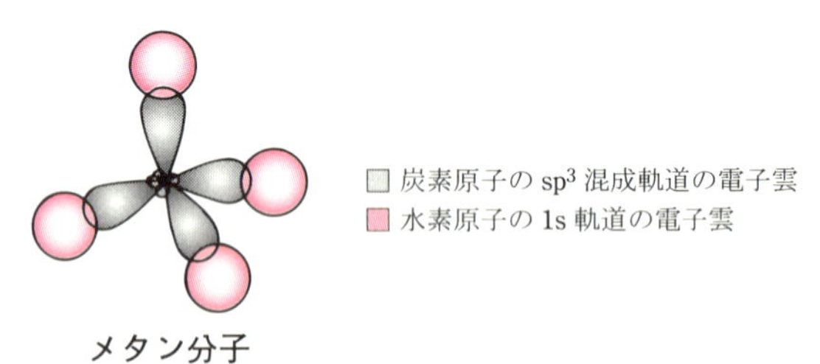

メタン分子

炭素同士の結合のしかたを見てみると，単結合，二重結合，三重結合の3種類がある。さらに炭素鎖の結合は鎖状，環状の2種類がある。また，ベンゼン環を有する芳香族炭化水素もある。このような様々な結合のしかたがあるために，香り分子の炭素数は多くてもおおよそ15個と少ないが，非常に多様な構造が存在することになる。これらに各種の官能基が結合することでさらに多様な香り分子が出現してくる。香料は官能基別に分類することが多い。

炭素の結合様式による多様化

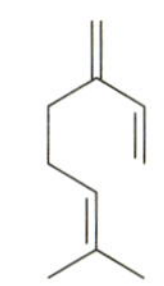

β-ミルセン　鎖状，二重結合あり，枝分かれあり，炭化水素

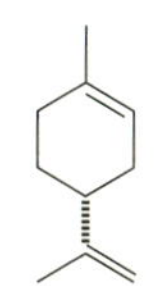

リモネン　環状，二重結合あり，枝分かれあり，炭化水素

ゲラニオール　鎖状，二重結合あり，枝分かれあり，ヒドロキシ基

酢酸ベンジル　芳香環，エステル類

酢　酸　鎖状，カルボキシ基

カンファー　環状，ケトン基

コラム　香料関連の仕事

香料関連の仕事を以下に紹介する。

調香師（パフューマー）：数百種類の香料を使いこなし，香粧品の香りを創り出す仕事。香水（ファインフレグランス）だけでなく，ハウスホールド製品などの香りを創る仕事。

調香師（フレーバリスト）：食品に添加する香りを創り出す仕事。コスト，安定性，安全性を満たし，食の美味しさを支える仕事でもある。

コンパウンダー（テクニシャン）：調香師が作成した香りの配合表を見て，その通りの配合を行い実際の香りを作り出す仕事。

エバリュエーター：でき上がった香りを評価する仕事。

マーケッター：トレンドを分析・市場のニーズを把握し香りの提案を行う仕事。

香水販売員：香水ショップやデパートの香水売り場で香水を販売する仕事

また，アロマやハーブに関する様々な資格が誕生しており，「香りの仕事」がますます注目を集めている。調香師やアロマセラピストをはじめ，香りに関する資格の多くは日本国内では民間資格で，国家資格は「臭気判定士」のみである。

2

香料とは

本来ひとが楽しむ香りは天然界の生物が作り出したものであり，天然香料と言われるものはひとが長い歴史の中で選び出してきた香りである。1800年代後半になって有機化合物を化学合成する技術が誕生したことにより，それまでバラの花の香り，レモンの香りというように多数の香気成分が複合した香りとしてのみ感じていたものが，1つ1つの香り物質として匂いを嗅ぐことができるようになった。これにより，香りの楽しみ方も大きく変わっていくことになる。ひとが調香という手段で天然にはない香りを創りだせるようになり，その成果は香水という商品で実現化していった。

2-1　良い匂いと悪い匂い

香りを感じるのは嗅覚という感覚が備わっているからであるが，匂いには良い匂いと感じるものと悪い匂いと感じるものがある。その濃度によって，悪い匂いが良い匂いに変わるものもある。良い匂いと悪い匂いを明確に区分することはできない。

(1) 良い匂い

おいしいと感じる大きな要因は香りである。食べ物の味はもちろんおいしさに関わるが，食べる前から感じられる香りはなんといっても食欲をそそらせる力を持っている。一方，私たちの生活では食べ物以外にもいろいろな香りが感じられる。森を歩けば爽やかな香りを感じるし，シャンプーを使えば気分を新たにする香りが漂ってくる。洗濯をすれば洗剤から清潔感を感じさせる香りが漂う。化粧品はさまざまな香りが競い合っている。私たちは香りに囲まれて生活しているようなものであるが，口に入れて感じる食べるものに関する香りと香水をはじめとする鼻で嗅ぐ香りがある。前者はフレーバー（flavor）といわれる範疇の香りであり，後者はフレグランス（fragrance）やパヒューム（perfume）といわれる範疇の香りである。人間の生活にはメソポタミア時代というような大昔から香りの世界があり，それは19世紀の合成香料の誕生と共にさらに普及していった。

(2) 悪い匂い

悪い匂いと感じられるものの代表は腐敗臭であろう。タンパク質が分解して生じた窒素を含む香気物質が生じるからであろう。これにより腐敗した食物を口にしないで済む。非常に匂い閾値の低い，つまりごく少量でも感じる硫黄系香料を都市ガスに付香して，臭いのない天然ガスの漏れを感知できるようにしているが，これは悪い匂いの有効利用と言える。悪い匂いを感じられるということは危険予知に大いに役立っている。一方で，量が多いと悪い匂いと感じるものが，ごく微量であると非常に良い匂いに感じるということもある。インドールやスカトールなどの含窒素化合物に見られる面白い現象である。

良い匂いの例

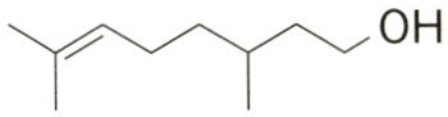

$C_{10}H_{20}O$

シトロネロール　バラのような香り

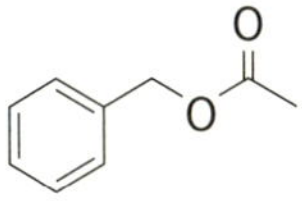

$C_9H_{10}O_2$

酢酸ベンジル　ジャスミンの香り

悪い匂いの例

NH_3

アンモニア　トイレの匂い・糞尿の匂い

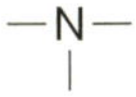

$(CH_3)_3N$

トリメチルアミン　腐った魚の匂い

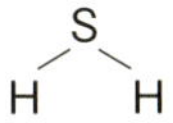

H_2S

硫化水素　腐った卵の匂い

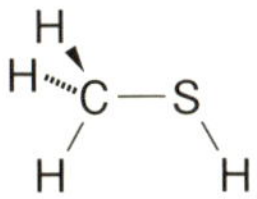

CH_3SH

メチルメルカプタン　腐ったキャベツ，たまねぎの匂い
（メタンチオール）

2-2 嗅　　覚

(1) 五　　感

私たちは外部からの刺激を感知するために五感（触覚，視覚，聴覚，味覚，嗅覚）という感覚を有している。触覚，視覚，聴覚は物理的感覚であり，味覚，嗅覚は化学的感覚である。化学的感覚は化学物質が受容体（レセプター）にはまることによってイオンチャネルへの刺激伝達が起こり，電気信号（シグナル）化されて神経系により大脳へ情報伝達が起こる。

(2) 嗅　　覚

匂いを感じるには，鼻の奥にある嗅上皮の表面にある，嗅細胞の主樹状突起先端にある匂い分子受容体（細胞外部分）が，匂い分子を感知することから始まる。匂い分子は分子量 300 以下程度の小さな分子であるが，それでも細胞膜を通過することはない。匂い分子を鍵と例えると匂い分子受容体は鍵穴に相当する。

普通の鍵と鍵穴の関係と少し異なるのは匂い分子は複数の匂い分子受容体に適合することである。1 対 1 の関係ではなく，1 つの匂い分子はいくつかの匂い受容体に入り込むが，そこに強弱があり，その程度を含めて 1 つの認識パターンが作られているらしいのである。匂い分子は約 40 万種類もあると言われているが，匂い受容体の方は 40 万種類も用意されていない。ヒトでは 800 種類程度で，しかも進化の過程でいまは 400 種類以下しか機能していないということであるが，そのように少ない匂い受容体でもパターン認識で多くの匂い分子に対して識別を可能にしている仕組みが存在している。

匂い受容体は嗅細胞を貫通しているので（7 回膜貫通型），匂い分子が匂い受容体に細胞外で結合すると，匂い受容体の立体構造が変化して細胞内のアデニル酸シクラーゼが活性化されてセカンドメッセンジャーである cAMP が生成する。cAMP 濃度が上昇すると腺毛膜のイオンチャンネルが開き，細胞外からは Na^{+} イオンと Ca^{2+} イオンが腺毛内へ流入し，細胞内の Cl^{-} イオンが流出して嗅細胞は脱分極する。この膜電位の変化が神経系で伝えられ，嗅球を経て大脳皮質内の前頭皮質嗅覚野に到達し，知覚識別，記憶などが行われる。

受容体から脳への情報伝達⇨神経系

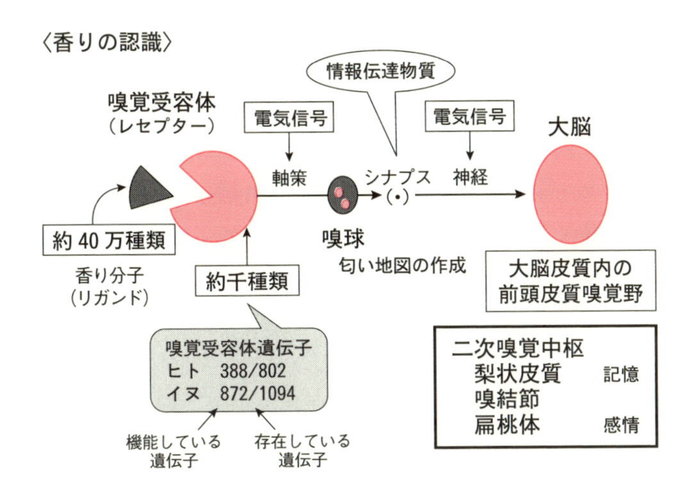

パターン認識

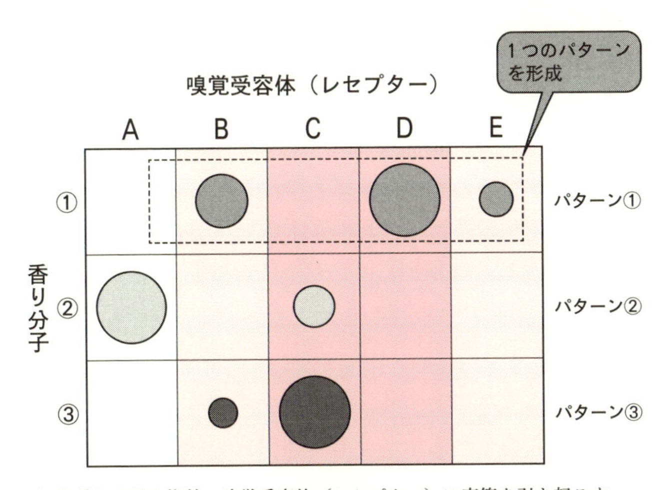

1）各香り分子は複数の嗅覚受容体（レセプター）に応答を引き起こす
2）香り分子が異なると応答する嗅覚受容体（レセプター）の組み合わせは異なる

2-3 味　　覚

味覚は甘味，塩味，酸味，苦味，旨味（うま味）の「基本味」と呼ばれる5つの味質に分類される。「こく味」にも興味が持たれている。この他に味には辛味や渋味などがあるが味覚とは少し異なる感覚（温覚や痛覚に近いもの）として基本味とは区別され，味覚研究が進められている。さらに実際には味覚以外に香り・テクスチャー（食品の材質からくる口触り，食感）の3つが合わさったものを「風味」いわゆる「フレーバー」として「おいしさ」としている。

⑴ 味覚器～舌と味蕾と味細胞

味覚の感知には「舌」が最も重要な役割を担っており，舌上面（舌背）の表面に有郭，葉状，糸状，茸状乳頭の4種類のタイプの舌乳頭と呼ばれる小さな突起が多数存在し，味を感知する器官である味蕾（みらい）が，約4000～7000個，有郭，葉状，茸状乳頭に存在する。また味蕾は，舌以外の口腔内（軟口蓋，喉頭蓋，咽頭など）にも存在する。この味蕾は複数の味細胞が集まって形成されている。さらに味細胞は味神経につながっており，味細胞上端の微絨毛に味物質が作用すると味神経を介して脳にシグナルが送られ，味が認識される。

⑵ 5つの味質を区別する仕組み

味覚には5つの基本味があり，これらを味細胞は別々に感知し，それが複雑に組み合わさることで，食品の味を感じている。舌の部位や味蕾による分担はなく，1つの味蕾で5つの基本味のすべての感知に対応していることが知られている。また，1つの味細胞は一種類の基本味の受容に特化しており，またそこから，その味に特化した味神経につながっており「一種類の味」として脳に伝えている。

⑶ 味物質

味覚として感じることのできる化学物質を，味物質（または味覚物質）と呼び，基本味について，その味を生じさせる味物質が存在している。

⑷ 味覚受容体

分子生物学的な研究の結果，これまでに甘味，うま味，苦味受容体が遺伝子レベルで同定され，また，酸味，塩味受容体の候補分子も解明中である。

味覚器―舌・味蕾・味細胞―

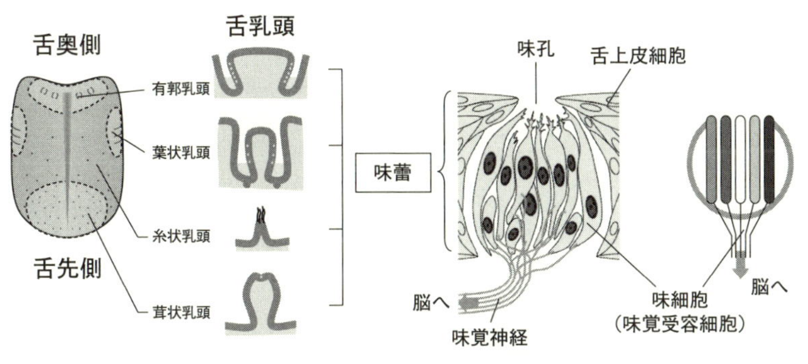

（旦部幸博，『コーヒーの科学』，講談社）

味覚受容体とその味物質

味覚	受容体	味物質
甘味	T1R2＋T1R3	糖類（ショ糖，ブドウ糖，果糖，麦芽糖），人工甘味料（サッカリン，アスパルテーム，アセスルファムK，シクラメート），甘味タンパク質（モネリン，クルクリン）
うま味	T1R1＋T1R3	アミノ酸（L-グルタミン酸），核酸（イノシン酸*）
苦味	T2R5**	シクロヘキシミド
	T2R4, 8**, 44	デナトニウム
	T2R16	サリシン
	T2R38	フェニルチオカルバミド（PTC）
	T2R43, 44	サッカリン
	不明	キニーネ，ストリキニーネ，アトロピン，カフェイン
酸味	PKD2L1＋PKD1L3（?）	酸（クエン酸，酒石酸，酢酸）
塩味	ENaC（塩味受容体候補分子）	NaCl（≠KCl，NH_4Cl）

＊うま味増強因子として作用する
** マウスの T2R 遺伝子（他はヒト T2R 遺伝子）

2-4　天然香料と合成

(1) 天然香料の例

1) ローズ

ローズ・ダマセナ（ダマスクローズ）は水蒸気蒸留により精油をとる。シトロネロール，ゲラニオールが主成分。ローズ・センティフォーリア（キャベッジローズ）からは溶剤抽出でローズアブソリュートが得られる。フェニルエチルアルコールが主成分。

2) ジャスミン

酢酸ベンジル，安息香酸ベンジルという芳香族エステルが主成分。ジャスモノイドといわれる一群の香気成分が特徴づける。

3) オレンジ

果皮からコールドプレス法で香気成分が得られ，リモネンが90%以上を占める。リモネンは油脂をよく溶かす性質があり，食器洗剤に添加されることもある。

4) ラベンダー

酢酸リナリル，リナロールを主成分とする。ガット・フォセが自身のやけどの治療に使用したことからアロマテラピーの精油としても代表的な存在。

5) ペパーミントとスペアミント

清涼感を与えるペパーミントはメントール，メントンが主成分。スペアミントはカルボン，リモネンが主成分。

(2) 合成香料の例

1) フェニルエチルアルコール

ローズ様の香気を持つ芳香族アルコール。

2) バニリン

バニラ特有の甘い香気を有する芳香環を持ったアルデヒド。

3) メントール

ハッカやペパーミントの主成分でテルペンアルコールの1つ。不斉点が3つあり，8個の異性体は香気が違い，天然型の *l*-メントールが一番良い香りなので不斉合成が必要となる。

ローズアブソリュートのGC分析

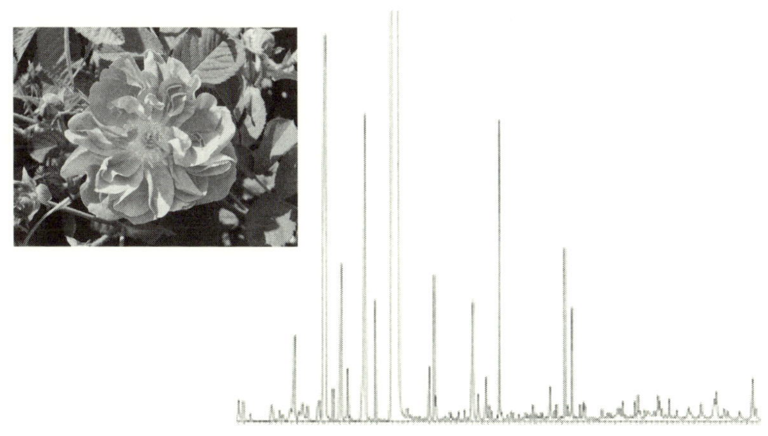

ローズ香気：知られているだけで540種類の香気成分

合成香料の歴史

1832年　シンナムアルデヒドを桂皮油から単離（単離香料）
1837年　ベンズアルデヒドの単離（単離香料）
1840年　パインオイルからボルネオール単離（単離香料）
1841年　カンファーをボルネオールから合成（半合成香料）
1842年　アネトールをアニスオイルから単離（単離香料）
1844年　メチルサリシレートをウインターグリーンから単離（単離香料）
1852年　バニリンをバニラから命名
1858年　バニリンをバニラから単離（単離香料）
1868年　クマリンをサリチルアルデヒドと氷酢酸から合成（半合成香料）
1869年　ヘリオトロピン（ピペロナール）を発見（単離香料）
1898年　レモングラス中のシトラールからα-イオノンを合成（半合成香料）
1962年　Hedione (methy l dihydro jasmonate), フィルメニッヒ社の開発（合成香料）

3

香料の化学

香り，アロマを親しむひとがなぜ構造式を難しいと感じるかというと，匂い分子が極めて多様な構造であることに関係する。核酸ならばピリミジン 3 種類とプリン 2 種類の計 5 種類の塩基を覚えればよいし，たんぱく質なら 20 種類のアミノ酸を覚えればよい。それで全体が見渡せる。これらは分子量が大きいといってもポリマー（重合体）であり，単位となるモノマーの種類を覚えればすむからである。略号化してすませることもできる。ところが匂い分子は分子量が 350 以下と小さくて，原子の数も 20 以下と少ないのにも関わらず，何を覚えたらよいかがわからない。匂い分子は 40 万種類もあると言われているし，流通している香料物質だけでも 2000 種類はあるので，その 1 つ 1 つを覚えることも難しい。

3-1 香料の分子

(1) 匂い分子を構成する原子

香りを構成するのは匂い分子であり，匂い分子は有機化合物である。有機化合物は炭素が骨格を作っており，官能基がその物質の性質に大きくかかわっている。匂い分子を作り上げている元素は炭素C，水素H，酸素Oということができ，少数であるが窒素N，硫黄Sを含むものもある。窒素，硫黄を含む匂い分子は特異的な匂いを持っているものが多い。

炭素は最外殻電子が4個あり，4本の結合の手を持っていると考えることができる。そのため鎖状化合物にも環状化合物にもなれる。また炭素同士の結合でも単結合，二重結合，そして三重結合と3種類の結合のしかたがある。これらは多様な化合物を生み出す理由となっている。

分子の形の特徴に注目して分類し，大まかに捉えることにしたい。特徴の1つは炭素骨格そのものであり，2つ目は官能基である。

(2) 炭素骨格による分類

テルペン化合物：イソプレン単位（炭素数5）が結合。ゲラニオールなど

鎖状化合物：炭素が鎖状に結合。リナロールなど

環状化合物：炭素が環状に結合した部分がある。イオノンなど

芳香族化合物：芳香環を有する構造。バニリンなど

(3) 官能基による分類

炭化水素類：炭化水素のみ

アルコール類：ヒドロキシ基を有する
メントールなど

アルデヒド類：アルデヒド基（フォルミル基）を有する。シトラールなど

ケトン類：ケトン基を有する。β-イオノンなど

カルボン酸類：カルボキシ基を有する。酪酸など

エステル類：カルボン酸とヒドロキシ基が脱水縮合。酢酸エチルなど

ラクトン類：エステルが環の中にある。γ-デカラクトンなど

エーテル類：2つのアルキル基が酸素でつながれている。アネトールなど

匂い分子を構成する元素

水素，炭素，窒素，酸素，硫黄の 5 種類

H							He
Li	Be	B	C	N	O	F	Ne
Na	Mg	Al	Si	P	S	Cl	Ar
K	Ca						

炭素が結合して骨格を作る ⇒ 多様な構造

分子は炭素鎖と官能基からできている

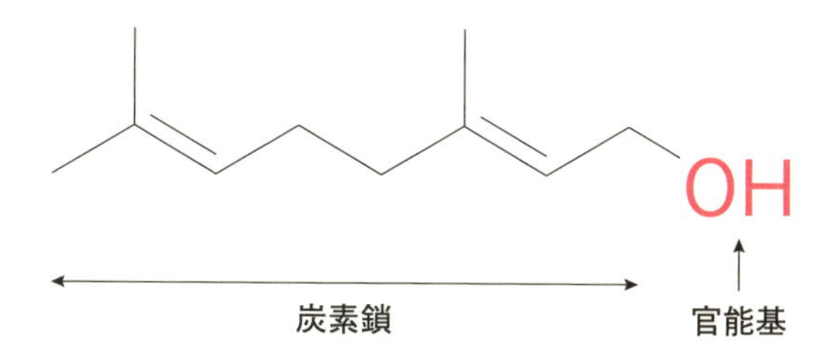

3-2　香料の命名法

(1)　慣用名とIUPAC名

ひとが実用化している化学物質には慣用名が付けられているのが一般的であり，香料における慣用名にはゲラニオール，リモネン，イオノン，メントールなどがある。慣用名の長所は，短いので覚えやすく，語尾から官能基が想像しやすいところにある。

実用化とは関係なく，あらゆる化学物質に命名することができるのはIUPAC命名法である。IUPACは国際純正および応用化学連合の略称である。この命名法は

接頭語（置換基の位置）＋母体名（骨格を成す炭素鎖の炭素数を示す）
＋接尾語（官能基の種類）

で示し，すべての有機化合物に命名するための国際的ルールである。

例えば慣用名ゲラニアールはレモンのようなにおいを持つ香気物質であるが，IUPAC命名法で命名すると3,7-ジメチルオクタ-2,6-ジエナールという名称になる。3,7-ジメチルは接頭語で3位と7位の2か所にメチル置換基が結合していることを示している。次のオクタは母体名を表し，炭素数8個の直鎖アルカンのオクタンoctaneという母体名を示している。2,6-ジエナールは2位と6位の2か所にエン構造つまり二重結合が存在し，官能基は-alという接尾語でアルデヒド基（ホルミル基）であることを示している。IUPAC命名法は面倒に思え，長たらしい。しかし，IUPAC命名法で書いてあれば構造式を描くことができる。

(2)　慣用名とIUPAC名

慣用名	IUPAC名
ゲラニオール Geraniol	3,7-ジメチル-2,6-オクタジエン-1-オール 3,7-Dimethyl-2,6-octadien-1-ol
バニリン Vanillin	4-ヒドロキシ-3-メトキシベンズアルデヒド 4-Hydroxy-3-methoxybenzaldehyde
β-イオノン β-Ionone	(*E*)-4-(2,6,6-トリメチルシクロヘキサ-1-エニル) ブタ-3-エン-2-オン (*E*)-4-(2,6,6-Trimethylcyclohex-1-enyl) but-3-en-2-one
サリチル酸メチル Methyl salicylate	メチル-2-ヒドロキシベンゾエイト Methyl -2-hydroxybenzoate

ゲラニアールの IUPAC 命名

ゲラニアール

O

CHO
アルデヒド基

$C_{10}H_{15}$
炭素鎖

CH_3
O
H_3C　CH_3

3.7–ジメチルオクタ–2.6–ジエナール
シトラールはトランス体のゲラニアールとシス体のネラールの混合物

1. どのような香気物質も炭素鎖部分（C と H で作られた部分）と官能基の部分がある ⇒ アルデヒド基と 2 個の二重結合
2. 炭素鎖に二重結合や三重結合があれば不飽和 unsaturated という。なければ飽和 saturated である。

イチゴの香気成分とその官能基

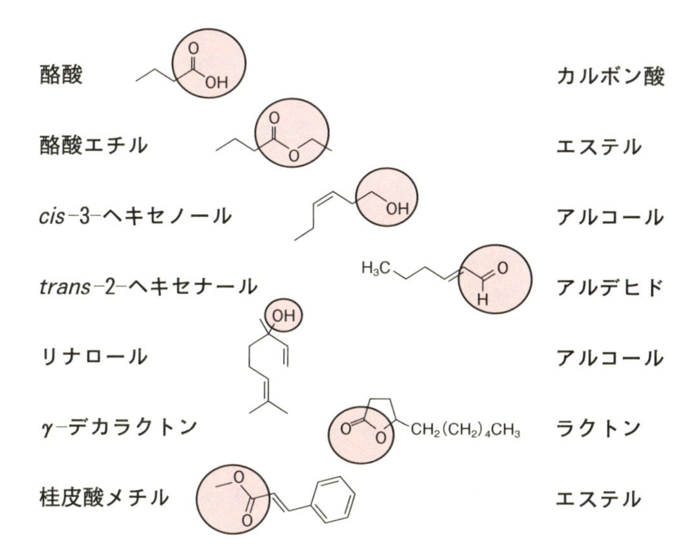

3-3　香料の生合成

植物の香気成分は当然植物の細胞内で合成されている。生体内で合成されることを生合成という。合成とは何らかの素材を出発物質としてそれとは異なる物質が作られることであり，その反応には酵素が触媒作用の担い手となる。そのため分子内に不斉点があれば立体特異的な特定の異性体のみが生合成される。メントールの場合は *l*-メントールであり，*d*-メントールが作られることはない。香気成分生合成の素材を見ると以下のようなものがあげられる。

(1)　炭水化物 → テルペン化合物

テルペン化合物はアセチル CoA とピルビン酸から酵素的に合成される。セスキテルペンなどは細胞質の中でアセチル CoA からメバロン酸（MVA）経路で作られる。モノテルペンなどは色素体の中でピルビン酸と D-グリセルアルデヒド-3-リン酸の縮合後にメチルエリトリトール（MEP）経路で作られる。

(2)　炭水化物 → フラノン，ピロン

フラノンとピロンは糖を起源として生合成される。例えばイチゴ，パイナップルなどの香気成分 4-ヒドロキシ-2,5-ジメチル 3(2H)-フラノンはフラクトースから生合成される。

(3)　分岐鎖アミノ酸 → 酢酸イソアミルなど

バリン，ロイシン，イソロイシンなどの大きな炭化水素鎖を持つ分岐鎖アミノ酸は，多くのアルデヒドやアルコール類の香気成分の起源となっている。

(4)　芳香族アミノ酸 → 桂皮酸，オイゲノール，バニリンなど

フェニルアラニンなど芳香環を有するアミノ酸はフェニルエチルアルコールのような芳香環を有する香気成分の起源物質である。

(5)　脂肪酸 → 3*Z*-ヘキセナール，ジャスモン酸メチルなど

リノール酸，リノレン酸を起源とする 3Z-ヘキセナールなどの C_6 化合物は緑の香りを有するものとして特徴的である。

(6) カロテノイド → β-イオノン，β-ダマセノンなど

植物色素のカロテノイドから β-イオノンなどトリメチルシクロヘキサン環を有する香気成分が酵素的分解で生成する。

生合成起源物質の違いによる各種の香気成分

①

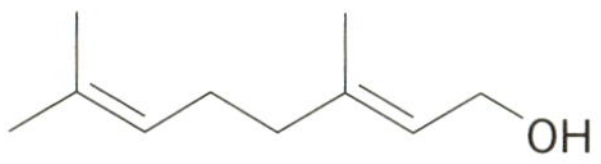

OH

②

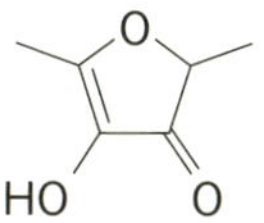

O

HO　O

③

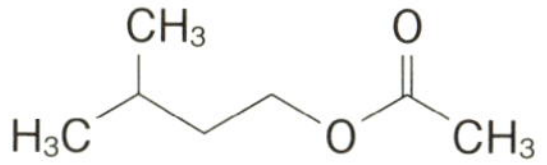

CH_3　O

H_3C　O　CH_3

④

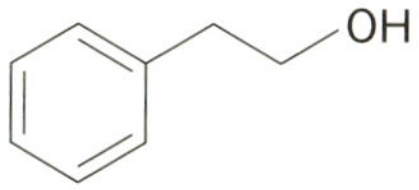

OH

⑤

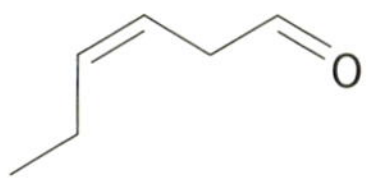

O

⑥

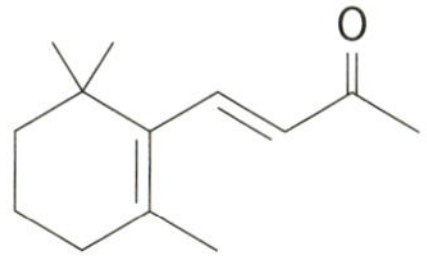

O

3-4　テルペン化合物

テルペン類（テルペノイド terpenoid）は炭素数 5 個のイソプレン（2-メチル-1,3-ブタジエン）ユニットが結合した構造である。植物の香気成分の大きな部分を占める化合物群であり，2 つのイソプレンユニットが結合したものはモノテルペンと呼ばれる。ゲラニオール，メントール，リモネンなどがモノテルペンの例である。3 つのユニットが結合したものはセスキテルペンと呼ばれ，ネロリドールや α-サンタロールがある。

(1) モノテルペン

イソプレンユニットが 2 個結合したもので，ゲラニル二リン酸が前駆体として生合成され 900 種類以上が知られている。炭素数 10 個。リモネン，ゲラニオール，メントールなど。香気物質としてのテルペン化合物の中でモノテルペンは量も種類も多い。植物香気の中心的な化合物群と言える。

非環式：ミルセン，ゲラニオール，ネロールなど

単環式：リモネン，γ-ターピネン，メントール，1,8-シネオール，p-サイメンなど

二環式：α-ピネン，β-ピネン，カンファーなど

(2) セスキテルペン

イソプレンユニットが 3 個結合したもの。炭素数 15 個。セスキとはモノの 1.5 倍という意味。β-カリオフィレンなど。グレープフルーツのヌートカトン，サンダルウッド（白檀）の α-サンタロールなど特徴的香気を持つものもある。

非環式：ネロリドール，ファルネセンなど

単環式：α-ビサボロール，ゲルマクレン D など

二環式：ヌートカトン，β-カリオフィレンなど

(3) アポカロテノイド

ノルイソプレノイドとも言われる，テルペノイド化合物の色素カロテノイドから酵素的に分解して生成してくる化合物群である。カロテノイド類の末端構造であるトリメチルヘキサン環を有している。α-イオノン，β-イオノン，β-ダマセノン，β-ダマスコンなど閾値が低く，特徴的な匂いを有する化合物群。

一次代謝系から派生して二次代謝産物としてテルペン化合物が作られる

植物細胞内でのテルペンの生産

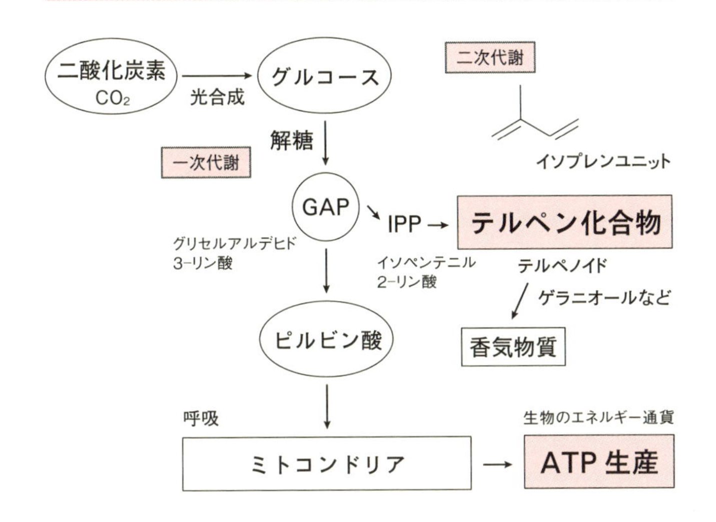

色素から香りができる

β-Carotene

酵素分解

O

β-Ionone

3-5 官 能 基

有機化合物は炭素鎖と官能基からできているが，その物質の性質を決めているのは官能基である。官能基は炭素以外の元素が存在しているが，香気物質の場合は大半は酸素であり，他に窒素や硫黄が入ることもある。

嗅細胞の繊毛の先端にある匂い物質の受容体での匂い物質との結合は，構造受容体活性部位での複数のアミノ酸残基による疎水的相互作用で認識をしているので，官能基のみが認識の主体ではない。つまり官能基による水素結合などの電気的相互作用の要素は弱い。

しかし，香料として匂い物質を分類する場合は官能基別で分類することはわかりやすく，しかもある程度は匂いの特徴と官能基の種類は相関していることもあり，現実にどこの香料会社でも香料の保管における番号付けでは官能基ごとの分類がなされている。下記以外に含硫黄化合物，含窒素化合物がある。

1）ヒドロキシ基：ゲラニオールなど

ヒドロキシ基–OH を有する化合物はアルコールである。IUPAC 命名法では語尾を –ol（–オール）とする。

2）アルデヒド基（ホルミル基）：ゲラニアールなど

アルデヒド基–CHO を有する化合物はアルデヒドである。IUPAC 命名法では語尾を –al（–アール）とする。

3）カルボニル基（ケトン基）：β–イオノンなど

カルボニル基 C=O を有する化合物はケトンである。IUPAC 命名法では語尾を –one（–オン）とする。

4）カルボキシ基：酢酸など

カルボキシ基 –COOH を有する化合物はカルボン酸である。

5）エステル基：酢酸エチルなど

カルボン酸のカルボキシ基とアルコールのヒドロキシ基が脱水縮合したもの。

6）ラクトン基：ジャスミンラクトンなど

エステル基が環の中にある。

7）エーテル基：アネトールなど

炭素鎖の間に酸素原子が入った構造。

官能基：化合物に特有の性質を与える

	構造式	示性式	化合物の名称
二重結合	＞C＝C＜		アルケン
三重結合	−C≡C−		アルキン
ヒドロキシ基	O R　H	−OH	アルコール
アルデヒド基	O ‖ R　H	R−CHO	アルデヒド
カルボニル基 （ケトン基）	O ‖ C A　B	−C（＝O）−	ケトン
カルボキシ基	O ‖ C R　OH	−COOH −COOR	カルボン酸 エステル ラクトン （環状エステル）

3-6　香料の性質

(1) 揮発性

香気物質は花や葉などの植物体の中では細胞中に液体として存在している。食品フレーバーは食品の中に液体で存在している。香水や化粧品の中でも液体で存在している。しかし，臭いを感じるというのは空気中にそれらが気化して気体として存在しているから私たちは匂いとして感じる。自然界で確認されている有機化合物はおよそ200万種類といわれており，匂いのある物質はそのうち約40万種類といわれている。匂いを有するもっとも小さい化合物はアンモニア NH_3（分子量17）である。香気物質の沸点は150℃～300℃の範囲に入るものが多い。揮発性を利用して植物体から香気物質を得る方法はアラビア人の哲学者・医学者であるイブン・シーナ（アヴィセンナ（980～1037年））の水蒸気蒸留によるバラ水の製造がある。水蒸気蒸留法では香気物質の沸点以下となる100℃以下で香気物質が得られる点が長所である。

(2) 親油性（疎水性）

香気物質は一般に親油性（疎水性）である。有機分子が水に溶け込むには水分子と水素結合を作らねばならないが，そのためにはヒドロキシ基，カルボキシル基などの官能基があることが必要である（極性が強い）。エーテル類もある程度の水への親和性がある。香気物質にはこれらの官能基を持つものが多いので，親水性になりそうであるが，炭素骨格の炭素数が多くなるとその有機分子と水との水素結合が形成されないため水には溶けにくくなる。長い炭化水素鎖や芳香族炭化水素などは油との親和性が強い（非極性が強い）。このように見てくると極めて疎水性が強いのはリモネンのような炭化水素類の香気物質で，これらは水に溶けないことから香料としての利用は難しい。それ以外の香気物質はある程度は水溶性があるが疎水性が強い。ローズの主要香気成分のフェニルエチルアルコールは疎水性が弱く，水に溶け込みやすいので水蒸気蒸留をしてもローズウォーターの方に溶け込み，精油には少量しか入っていない。かんきつ類の香気成分は炭化水素類が多く，清涼飲用水のような水系食品では炭化水素類が油分として浮いてきてしまうので，炭化水素類を除去する目的で60～70％エタノールでエッセンスを作り使用するなどの工夫をする。

揮　発　性

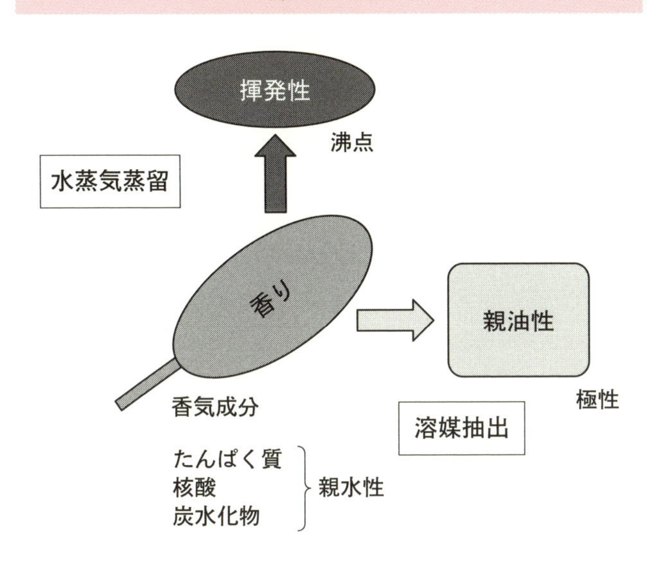

極　　　性

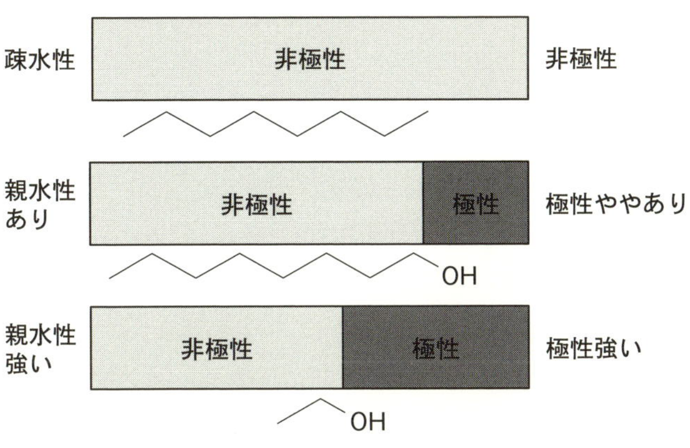

非極性：炭素鎖　　長いほど非極性が強まる
極　性：官能基　　－OH, ＝O などが極性を高める

4

香料の歴史

香料の歴史は大変に古く，古代エジプト時代には，植物や動物から作られる天然香料は宗教儀式で用いられていたと考えられている。

水蒸気蒸留法の発明で精油や芳香蒸留水が作られるようになり，アルコールの発明により，現在の香水の原型が誕生する。

そして現代，工業的に香料が合成されるようになり，3000 種類を超える香料は，生活空間全体にわたる製品に利用され，私たちの生活になくてはならないものとなっている。

4-1　香りの起源（人類の誕生～古代エジプト・中世）

現代の生活の中で香りは欠かせないものとなっている。その歴史は大変に古く，紀元前5000年には宗教儀式で用いられていたと考えられている。人類誕生の頃，香り（匂い）は「食べられるかどうか」の判断材料であったと考えられるが，人間が火を発見した頃より，燃やした木や樹脂の匂いに香気を発見し，宗教的な儀式に欠かせないものとなった。香りを意味する英語の「Perfume」はラテン語の「Per Fumum」（煙を通して）が語源ということからもわかる。

紀元前3000年頃，古代エジプトでは，日の出・正午・日没と違う香りが焚かれていた。日の出にはフランキンセンス（乳香），正午にはミルラ（没薬），そして日没にはキフィ（kyphi）という調合香料（練香）が焚かれていた。キフィとは「聖なる煙」という意味で，Ebers Papyrus（最古の医学書）によれば，ショウブ，シナモン，レモングラス，没薬など約16種類の植物性香料が含まれていたといい，その香りは心を落ち着かせる働きがあると言われている。キフィは調香の原点ともいえる。

また古代エジプトでは，植物性の油に花のいい香りを移した香油を利用するようになり，香気成分の抽出を行っていた。香油は，悪臭を除き香りを楽しむだけではなく，皮膚を乾燥から守っていた。またミルラ（没薬）などの香料は，その防腐・殺菌作用を利用しミイラつくりにも使われていた。ミイラの語源は，ミルラ（没薬）に由来すると言われている。

「絶世の美女」として知られるクレオパトラ7世（BC 69～BC 30年）は，香料を美容目的として利用するだけではなく，自分自身をアピールするための道具として，政治にも利用していたことはあまりにも有名である。

古代ギリシャ，古代ローマとエジプトの香りの文化を受け継ぎ，香料がさかんに使用されるようになる。古代ローマの医師ディオスコリデス（40頃～90年）は「薬物誌」を著し，香料や調合法を記し，500種類におよぶ香料を紹介していている。また古代ローマではインドより胡椒の輸入が盛んに行われ，多くの金銀貨幣が流出した。主に食用として利用されていたスパイス類は金銀と同じ価値があったことがわかる。

古代エジプト壁画の模写

楽器を奏でている女性の頭にのせている物は香油を表している　さらに上には芳しい蓮の花もたくさん描かれている　このように発掘された多くの壁画から古代エジプト人は花の香りを楽しんでいたことがわかる

乳香（フランキンセンス）カンラン科の樹脂

古代エジプト人は，日の出に神に捧げる香りとしてフランキンセンスを焚いていた

4-2　香りの歴史（～近代：香水の誕生）

香りの歴史を語る上で重要な発明として水蒸気蒸留法の技術があげられる。アラビア人の医学者・哲学者のイブン・シーナ（アヴィセンナ，980～1037年）は，バラの蒸留に成功し，芳香成分である精油とローズウォーターの製造に成功した。それまでは素材そのものや香油・軟膏としての香料の利用から，アルコールに香料を溶かした現在の香水の原型のようなものができるのは，錬金術師がブドウ酒を蒸留し，「生命の水」「燃える水」と呼ばれるアルコールが発明されてからとなる。

香水の起源として知られているのはローズマリーをベースとした「ハンガリー水」である。1370年，ハンガリーのエリザベート王妃の痛風治療のために修道士が献上したと言われている。王妃はこのハンガリー水によって若返り，72歳にも関わらずポーランド国王からプロポーズされたというエピソードは創作という説もあるが，これにより別名「若返りの水」とも言われている。「ハンガリー水」や修道女ヒルデガルト・フォン・ビンゲンが発明したと伝えられる「ラベンダー水」のような初期の香水は，化粧水・薬・飲料として利用されていた。

現在，香水のメッカと知られるフランスだが，フランスに香水産業の基礎を築いたのは，ルネサンス期，イタリア・フィレンツェを統治していたメディチ家のカテリーナ・デ・メディチである。1533年，カテリーナがフランス・アンリ2世への輿入れの際，イタリアの文化と共に，すでに発達してきた香料の製造技術や調合技術をフランスに持ち込んでいる。カテリーナが香料植物を栽培させ，お抱え調香師を住まわせたのがグラースであった。

ルイ14世の時代（1638～1715年）以降さらに香水が好まれ大流行となる。ルイ15世の愛人ポンパドール夫人やルイ16世の王妃マリー・アントワネットは，香りに関する多くのエピソードを残すこととなった。

18世紀に誕生する「オーデコロン」の起源については諸説あるが，7年戦争でドイツ・ケルンに宿営していたフラン軍が「アクア・デ・コローニア（オーデコロン：ケルンの水）」をお土産として母国へ送りフランス中に広まった。ナポレオンが愛用していたことでも有名である。

カテリーナ・デ・メディチ（1519～1589年）

カテリーナはフランスにイタリアの香料技術や調香技術を持ち込んだ

現在のグラースの街並み

グラースはなめし革産業が盛んで，革の匂いのマスキングに香料を使った香り付きの革手袋が大流行となった　現在でも香水に関わる企業が集まっている

4-3　香りの歴史（日本）

日本における香りの歴史は，約1500年前の飛鳥時代（538年）にさかのぼる。

今から約2500年前に芳香植物に恵まれたインドに始まった仏教では，香りは仏を供養するために欠かせないものとしていたため，香りは仏教の伝来と共に中国に伝わり，さらに538年，日本に伝来したと言われている。

日本の歴史上，最も「香」に関する古い記述は日本書紀で，595年（推古天皇三年）に淡路島に１本の香木が漂着し，聖徳太子はその流木が「沈香」であると教えたと記載されている。沈香はジンチョウゲ科の香木で，木質の香りの中でも特に品位がある香りである。日本にある沈香の中で，もっとも有名なのは，奈良・東大寺正倉院に伝わる「蘭奢待」である。仏教とは無関係に香を楽しみ始めたのは奈良時代の後期から平安時代にかけてである。

奈良時代中期，唐（中国）の鑑真和上が来日し，薫物（数種類の香料を練り合わせたもの）作りに用いられる十数種類の香薬，調合方法が伝えられたと言われている。薫物は調合方法により微妙に異なる好みの香りをつくることができるため，平安貴族たちはオリジナルの香りつくり（調香）を楽しみ，部屋に焚き込めたり，着物に焚きしめたりと，香りそのものを楽しむようになっていった。また，各人の香りを競い合う「薫物合わせ」など日本独特の香遊びが貴族の中で流行し，教養として確立していった。

室町時代になると，一定の作法に従って１つの香木をたいて香りを鑑賞する「香道」が成立した。日本人の四季への感性や文学と結びつけ体系化した日本固有の香りの文化が確立した。香道では香りをかぎ分けることを「聞く」といい，香りを鑑賞する「聞香」と香りの組み合わせを嗅ぎ当てる「組香」がある。香料が庶民のものとなるのは江戸時代からである。平賀源内は蘭引き（ランビキ）という蒸留器を使った「薔薇露」の作り方を紹介している。江戸時代は現代の芳香蒸留水（フローラルウォーター）を「花の露」と呼ばれる化粧水として利用していた。江戸時代末期から明治初期にかけて西洋の香水が紹介され，国産の香水が誕生するまでに至るのである。

聞　香

香道では香りは嗅ぐのではなく「聞く」
心を傾け香りを聞く，香木の香りを心のなかでじっくり味わう日本独特の香り文化であり，日本スタイルのアロマテラピーともいえる

明治時代製のランビキ

（著者所有）

4-4　香料の現在

19世紀に入ると，有機化学が発達し，香りを工業的に合成するという合成香料の研究が始まる。1834年，ベルリン大学のミッチェリヒ（1794〜1863年）はニトロベンゾールの合成に成功し，世界で最初の合成香料が誕生した。1868年にはウィリアム・パーキン（1838〜1907）が桜の葉やトンカ豆などに含まれる芳香成分，クマリンの合成に成功した。フランスの香水メーカー，ウビガン社は，この合成クマリンを調香に使った「フゼア・ロワイヤル（Fougère Royale）」を1882年に発売し，天然香料と合成香料を組み合わせた香水の製造が始まった。この「フゼア・ロワイヤル」はフゼアノートとして1つのタイプ（ノート）を確立することとなる。

また，「ガスクロマトグラフィー」や「マススペクトロメトリー（質量分析）」の併用により，天然に存在する多くの香り物質を同定・分析する技術が確立した。また，天然には存在しない香り物質の合成も可能となり，1921年シャネルから発売されたシャネルNo.5に効果的に調合されたアルデヒド（aldehyde）類はフレグランスの調合素材として重要なものとなった。

現在では，化学合成により安価で多種類かつ大量生産が可能となり，また生物保護の観点から合成香料が香料素材の主流となっている。現在，合成香料の種類は3000を超えており，今後も増えると思われる。合成香料は大量に品質の安定した供給を可能とし，また安全性試験を実施できることから，香料を直接からだにつける香水などのファインフレグランス製品から生活空間全体へ様々なものに広く使われるようになった。フレーバーの世界でも様々な加工食品に利用されており，フレーバー・フレグランスに使われている合成香料は，私たちの生活に無くてはならない物となっている。

体につける香水から生活空間全体へ：フレグランス

① ファインフレグランス製品（香水，オードトワレなど）
② パーソナルケア製品（スキンケア，メイキャップなど）
③ トイレタリー製品（石鹸，入浴剤など）
④ ハウスホールド製品（衣料用洗剤，クリーナーなど）
⑤ 医療部外品（ベビーパウダー，制汗剤など）
⑥ その他（インク，都市ガスの保安用香料など）

加工食品での利用：フレーバー

① 果汁飲料　② コーヒー飲料　③ 乳製品
④ マーガリン　⑤ 冷菓　⑥ 菓子
⑦ インスタントラーメン　⑧ リキュール類
⑨ 調理食品　⑩ 食肉・魚肉加工品
⑪ たばこ製品

コラム　六国五味（りっこくごみ）

香道での香りは，香木，つまり沈香の微妙な違いを鑑賞するのが香道の極みとされている。鑑賞や分類の基本とされているのが「六国五味」。「六国五味」の「六国」とは，原産地や品質によって分類するもので，伽羅（きゃら，ベトナム産など），羅国（らこく，タイ，ミャンマー産），真那伽（まなか，マラッカ産），真南蛮（まなばん，マナバル海岸地方），寸聞多羅（すもたら，スマトラ産），佐曾羅（さそら，不明）の六国としている。日本産の香木は薫物（たきもの）には使うが香道では用いない。また「五味」とは，匂いの特色を味覚で表現したもので，甘（あまい），酸（すっぱい），辛（からい），苦（にがい），鹹（かん：しおからい）とし，六国に五味を組合せて分類する。組合せ方は流派により異なる場合もある。

香木の香りを味と組み合わせて表現し鑑賞するのは，日本人独特の感性ではないだろうか。ちなみに，香木の香りはセスキテルペンアルコール類が主な成分である。

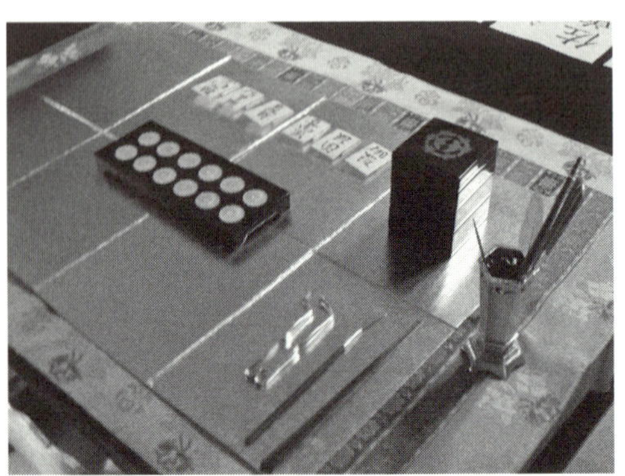

5

抽出と分析の基礎

香りを創造したいと思う時，まず，良い香りをいっぱい集めてみたいと思い，そして，そのいろいろな香りを知りたいと思う。香りは見えない。その香りをなんとか捕らえて，目に見えるものとすることが香りを知ることの手始めとなる。香気成分は多種多様な化学物質が存在する。一般的に香気成分は分子量が少なく，低極性，低沸点な物質が多く，天然の植物中に油状の精油（Essencial oil）として存在する。この精油を抽出することが香りを捕まえることに当たる。

5-1　香気成分を捕まえる～吸着法

ひとはまず香りを捕まえる方法として，何かに吸着させれば集められると考えた。現在ではあまり実用されていないが。紀元前から次のような油脂吸着法が用いられてきた。

（1）アンフルラージュ法

ジャスミンやチュベローズなど，デリケートなエッセンシャルオイル（精油）を抽出するのに用いられていた方法で，ガラス板にラード（豚脂）やヘッド（牛脂）などの動物性の脂を塗り，その上に花などの原料植物を並べ，しばらく放置して，香り成分を脂に吸着させ，何度も繰り返すことで香り成分が多量に含まれた「ポマード」と呼ばれる脂を得る。このポマードに有機溶剤（エタノールなど）を混ぜ，香り成分を有機溶剤に移した後，有機溶剤を蒸発させて精油を得る。

（2）マセレーション法（温浸法）

60～70℃の高温に熱したラードやヘッドを使って香り成分を取り出す。やり方はアンフルラージュ法と同じである。現在でもジャスミンアブソリュートの作り方として用いられている。

なお，現在では気体の香気成分捕集には分析の前処理技術として多孔性樹脂吸着が用いられている。

（3）ヘッドスペース法

瓶の中に漂う香気成分の捕集に用いられ，TENAXなどの多孔性樹脂に吸着し，加熱するか有機溶剤で溶出させるかの脱着（吸着した香気成分を取り出す）を行い，機器分析によってその解析がされている。また，液体中の香気成分の捕集はPorapakQなど多孔性樹脂が多く用いられ，ワインなどの液体中の香気の研究によく使用される。

アンフルラージュ法（冷浸法）

ヘッドスペース法

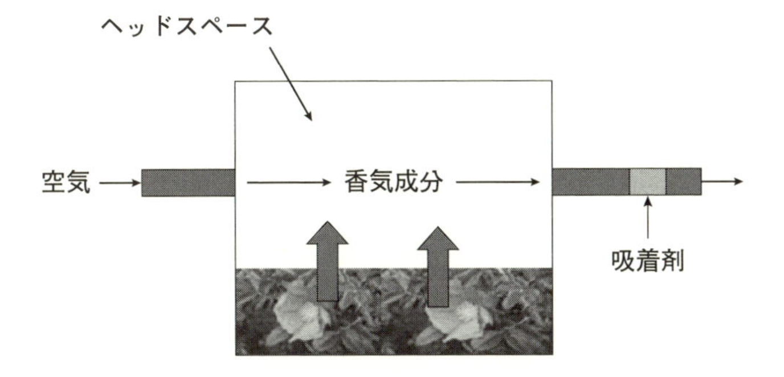

5-2 抽　　出

化学物質は「似たもの同士は溶け合う」という性質があるので，一般に親油性（疎水性）である香気成分は極性の低い（親油性）有機溶剤ヘキサンやジエチルエーテルに溶けやすい。そこで香気成分を有機溶剤を用いて抽出する。ジクロロメタン CH_2Cl_2 もよく使われる。また，バラの花を水蒸気蒸留したときの精油を取り除いた後の水（ローズウォーター）にも良い香りが抽出される。バラの香りには水に溶けこむ成分（フェニルエチルアルコールなど）も多く含まれている。このように抽出とは対象とする香料原料の中に保持されている香気成分や呈味成分を分離して取り出すことである。

花，葉，果実，種子，幹，根などの植物原料に含まれる天然の香気成分は油脂に溶解しやすい油溶性と水に溶解しやすい水溶性に分けられる。油溶性成分は有機溶剤抽出，超臨界炭酸ガス抽出，圧搾などによって抽出され，水溶性成分は主に水抽出によって抽出される。実際には天然物や使用される用途に応じ，それに合った最適な抽出方法を選択し，組み合わせることになる。

5-3 水蒸気蒸留（steam distillation）

水（液体）は 100℃ で沸騰し，水蒸気（気体）として空中に飛び出していく。ところが，もし水に溶けない物質が混入していると水の蒸気圧とその物質の蒸気圧の合計が大気圧と同じになった時にどちらも沸騰して気化する。つまり，100℃ 以下で気体にすることができる。香気成分は一般に水に対しては不溶である。この性質は天然精油をとるのに素晴らしく便利な方法である。

水蒸気蒸留は，蒸気圧の高い高沸点の化合物を沸点以下の温度で蒸留する方法である。水蒸気を連続的に蒸留容器に導入すると共に，蒸留容器は加熱状態にして容器内を加熱水蒸気で満たし，流出する加熱水蒸気を水冷管で冷却して目的物を水と共に冷却捕集する。通常は水に溶けにくい物質を水蒸気蒸留する。目的物の沸点差でなく蒸気圧の大小で分別するので必ずしも沸点の低いものが優先的に留去されるとは限らないが，一般的には留去時間を長くすることにより沸点の高い成分が多く留去される。水蒸気蒸留は工業的な天然精油の生産に利用され，香りの研究用にもよく使われる。

溶剤抽出法

固体・液体から溶剤を用いて香気成分，溶剤に溶解させとり出すこと
木や地衣類，根は粉砕して，花・葉・樹脂はそのままの形で利用する　材料を溶剤（溶媒：石油エーテル，ヘキサン，エチルアルコールなど）に浸し香気成分を溶かし出した後，濃縮すると，アブソリュートが得られる

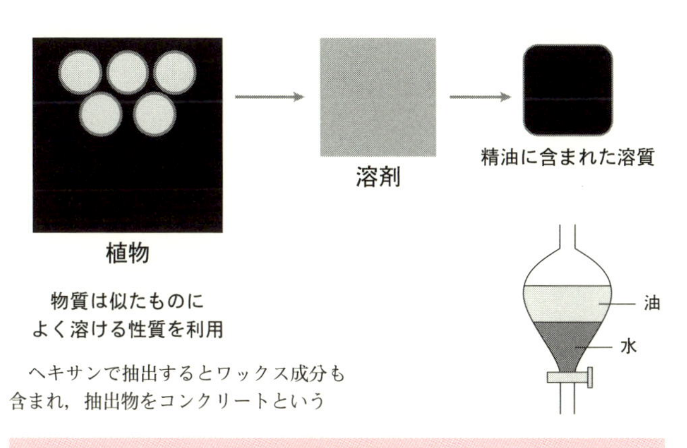

ヘキサンで抽出するとワックス成分も含まれ，抽出物をコンクリートという

水蒸気蒸留法

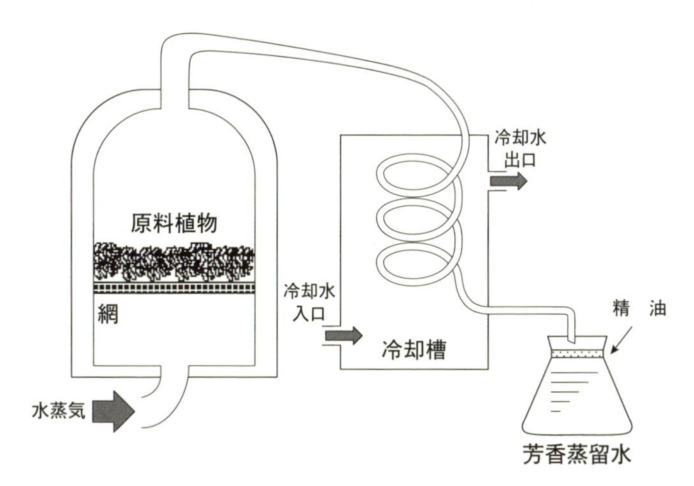

花や葉などの柔らかい植物を，そのままあるいは乾燥後蒸留器に入れ，水蒸気を導入し，その熱で植物の芳香成分を揮発させる

芳香成分を含んだ水蒸気は，冷却管で冷やされて液体となって受器にたまる

5-4　香気分析から原料製造まで

香りをいろいろな方法で捕まえても，その香りがどんな香気成分で構成されているかを知らなければ，その香りの実態を捕まえることはできない。

そのためにはターゲットとなる花や果物から，確実に有用な香りのサンプルとして濃度を高く捕集する必要がある。そのためには香気分析の前処理が重要である。また，新しい手法としてSAFE法や凍結乾燥法，ヘッドスペース法などが使用されている。

実際に香ばしいコーヒーの香りの中に含まれる香気成分の数は800種類以上，爽やかな緑茶の香りも600種類以上，りんごの香りも350種類以上の香気成分などが分析によって報告されている。

分析方法として，まず香気成分を分離するのにガスクロマトグラフィー法（GC）が使用される。その後，それがどういう物質であるかを構造から調べる方法として，質量分析計（MS）を使用する。GCとMSを結合させた分析法GC／MSは広く一般的に使用されている。GC／MSは質量分析をするだけではなく，内蔵した検索システムで物質の同定まで行う。さらにまったく新しい構造の成分が見つけられれば，核磁気共鳴法（NMR）などの測定が行われる。

また，GCの検出器の代わりに人間の鼻（嗅覚）を用いて，香気成分を確認するGC–スニッフィング（GC–O）も広く使用されている。

さらに香りを捕まえることはオレンジオイルやシナモンオイル，クローブオイルなどの多くが捕まえた香りをそのまま原料に加工する天然香料であり，また，バニリンやメントール，β–ダマセノンなどが分析によって得られた知見を使って，有用な香気成分を化学合成した合成香料に加工されたものである。その歩みは今でも続けられている。

香料素材応用例（天然香料）

区　分	製　法	例
精油（Essential oil）	水蒸気蒸留	ほとんどの精油，ペパーミント油，スパイス類の精油
	圧搾	オレンジ油，レモン油，グレープフルーツ油
エキストラクト（Extract）	含水エタノールなどで抽出	バニラエキストラクト，ココアエキストラクト，ハーブエキストラクト
オレオレジン（Oleoresin）	溶剤で抽出後，その溶剤を除去	バニラオレオレジン，ジンジャーオレオレジン，シナモンオレオレジン
回収フレーバー	果汁を濃縮する時，水とともに流出する香気成分を回収する	アップル回収香，グレープ回収香
炭酸ガス抽出フレーバー	液化炭酸ガス，または超臨界状態の炭酸ガスで香気成分を抽出する	オレンジ，柚子などの柑橘類，バニラ，ホップ，ジンジャーなどのスパイス類

分析―調香―香料生産

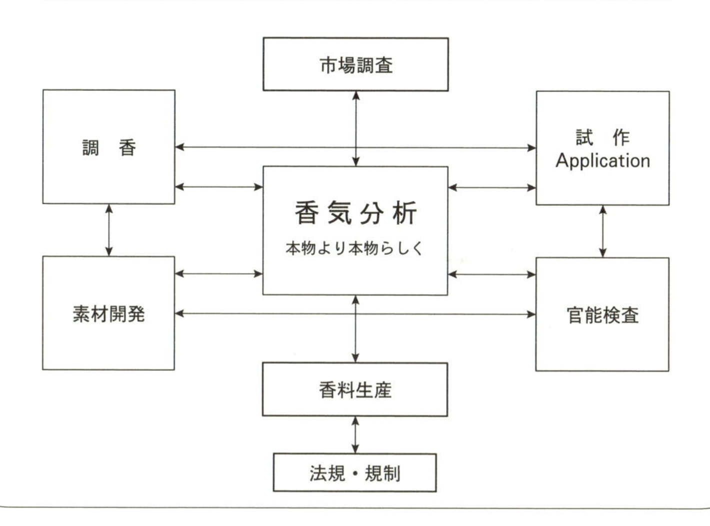

コラム　精油の貯蔵場所

芳香物質は，植物組織の中でも分泌組織と呼ばれる独特の構造から分泌している。分泌組織は，成分の種類によって構造が違うだけでなく，植物の種類によっても異なる。また，虫を誘引するための花の香りと，虫から身を守るための葉の香りでは分泌構造が大きく異なっている。

身近なハーブとして知られるフウロソウ科のローズゼラニウムの精油成分は，表皮が変化した腺毛の頭部を形成する細胞，精油分泌細胞で作られ，精油が貯められる。精油はこのままでは外部に放出されないためそのままでは香らないが，表面の組織が壊れることにより放出される。指で葉を擦ると香りが立つのはそのためである。

腺毛を持つ植物は他にシソ科，キク科のハーブである。

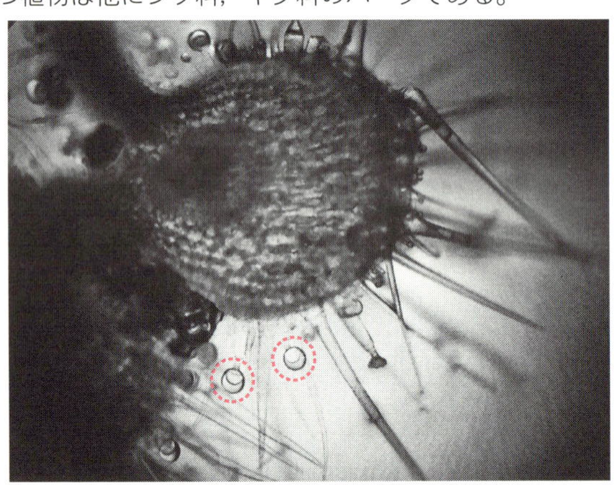

ローズゼラニウムの腺毛の顕微鏡写真（100 倍）
（腺毛の先にある丸い細胞の先にあるのが精油）

6

香料の原料

香料は，天然香料（動物性香料，植物性香料），合成香料などに分類されている。これらの各原料を理解することが重要である。

天然香料は動物の分泌物や花，葉，根，樹脂から抽出されたものである。動物由来の香料は 4 種類のみであるが，動物愛護の観点から合成香料に変換されている。香料の大半は，植物性香料であり，200 種類以上の植物から多様な香料が，作成されている。また，モノテルペン・セスキテルペン類の炭化水素から多くの香料原料が合成されている。

6-1　香料の分類

香料は，自然界に存在する動物や植物などの天然物由来の天然香料と人工的に作られた合成香料の 2 つに大きく分類される。天然香料には，動物性香料・植物性香料およびそれらから単離された単離香料がある。単離香料とは，天然精油中から，成分の含有量の多い成分のみを取り出したもの，たとえば，柑橘類からのリモネンや薄荷油からのメントールをさす。合成香料には，石油系の原料を用いた有機化学合成によるものと，天然物のある成分を出発原料として合成された半合成香料とがある。

天然香料のうち，動物性香料は，絶滅危倶種を守るという目的，また，動物愛護の観点から使用が規制されている（ワシントン条約)。その結果，現在では，植物性香料や石油系原料を使用して開発された合成香料が主として使用されるようになっている。実際には，天然志向の高まりもあり天然由来の化合物と同じ構造を有する化合物やそれを模倣した化合物などが開発され安全性試験を実施して問題のなかった化合物が使用されている。

香水に用いられる香料原料は，現在でも天然精油のみを使用して調合するところもあるが，もともとは，天然香料いわゆる天然精油が主として使用されていた。したがって，香調もある程度限定されていた。香粧品用香料には，精油由来成分であるテルペン類が非常に多く使用されていたわけである。

その後，テレピン油より単離された β-ピネンを原料とする半合成香料，他のモノテルペンやセスキテルペン類を出発原料として製造された新規な半合成香料，また，アセトンとアセチレンを出発原料とする製造方法やイソプレンを出発原料とする合成法などが工業化され多くの新規香料が登場した。

香料の分類

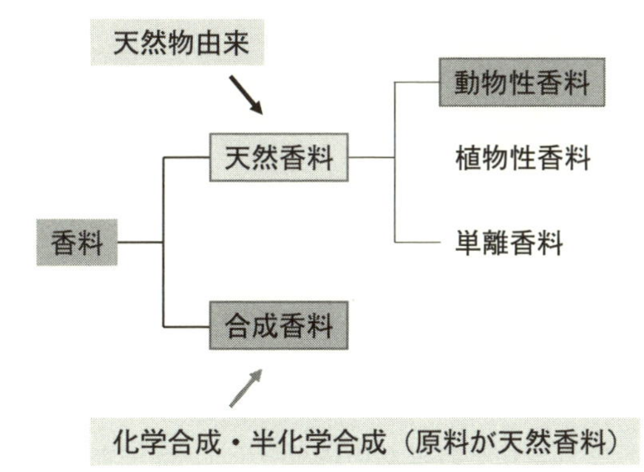

食品衛生法では，ある純度以上の単離香料は合成香料として取扱われている

6-2　動物性香料

動物性香料には，アンバーグリス，ムスク，シベット，カストリウムの4つがある。現在では，動物性香料の使用が限定あるいは禁止となり対応する合成香料が開発され使用されている。

(1) アンバーグリス（龍涎香：りゅうぜんこう Ambergris）

アンバーグリスとは，抹香鯨の胃や腸にできる病的結石から抽出される。抹香鯨の体内にイカの嘴が蓄積し結石となり，体外へ排出され海上を浮遊している間に妙なる芳香を放つ蠟状の塊となったものがアンバーグリスであり，主成分はアンブレインである。アンブレインの分解生成物であるアンブロックスが製品化され使用されている。

(2) ムスク（麝香：じゃこう Musk）

ジャコウジカ麝香鹿のオスの生殖腺分泌物で，下腹部にある香のうを切り取って乾燥したものがムスクの原料となる。主成分は *l*–ムスコンである。これ以外にもムスク様香気を有するアンブレットライド，エチレンブラシレート，ムスケトン，ガラクソリド，トナリド，ムスセノン（Muscenone® Firmenich 社）などのムスク様香気を示す多くの合成ムスク類が使用されている。

(3) シベット（霊猫香：シベット Civet）

シベットは，エチオピアに生息する麝香猫の香嚢（のう）から採取される香料である。主成分は，シベトンでありそのほかの成分として80種類以上の成分が報告されている。シベットの代替え品として，インドールやスカトールを含む調合香料が開発されている。

(4) カストリウム（海狸香：かいりこう Castoreum）

カストリウムは，ビーバー（*Castor fiber* または *Castor canadensis*）から得られる香料である。シベリアやカナダに生息するビーバーの肛門近くの香のうを切り取り乾燥させたものをチンキ，アブソリュートにする。シベリア産のものは，皮革様の香気を発し，レザーノートという香調表現される。

動物性香料

■アンバーグリス（龍涎香）

■ムスク（麝香）

■シベット（霊香猫）

■カストリウム（海狸香）

動物愛護の観点から，ほとんど使用されず類似の香りを有する合成香料へ置き換わっている

マッコウクジラ

ビーバー

ジャコウネコ（シベットキャット）

ジャコウジカ

ムスク

カストリウム

6-3　植物性香料

植物の異なった部位から水蒸気蒸留や溶剤抽出によって精油が得られるがこれらを植物性香料という。芳香物質は，花，蕾，枝葉，木部（幹），根，樹脂，果実，種子など様々な部位に存在する。

(1) 花・蕾

フローラル系の香料は，主として，花・蕾を水蒸気蒸留して精油を得る。それらには，ローズ（バラ），ラベンダーなどがある。一方，熱でにおいの変化しやすいジャスミン，ミモザ，オレンジフラワー，チュベローズなどは，溶剤抽出を用いて香気成分を抽出して溶媒を留去してコンクリートを得る。

(2) 果実・果皮

果実・果皮から得られるのは，オレンジ，レモン，ライム，グレープフルーツなどのような柑橘（シトラス）類である。柑橘類は，果皮を搾ってオイルを得る（圧搾法）と同時に，果実からは，ジュースを得る。バニラの場合は，さやから豆を取り出し，黒くなるまで熟成させ，エタノールで抽出してエキストラクト（バニラチンキ）として調製される。

(3) 幹や樹皮

幹や樹皮から水蒸気蒸留により得られるのは，桂皮油（シナモン油），シダーウッド油，サンダルウッド油などであり，水蒸気蒸留によって得られた精油を香粧品用香料に用いる。

(4) 全　草

全葉を乾燥させて，水蒸気蒸留によって得られるのは，シソ科の植物が多い。たとえば，ペパーミント油，スペアーミント油，シソ油，ユーカリ油，パチュリ油などである。

(5) 根　茎

根茎から水蒸気蒸留によって得られるベチバー油，エタノールで抽出して濃縮してエキスとして得られるジンジャーエキストラクトなどがある。フレグランスでは，オレオレジンやエキスが使用されることは稀であり，ジンジャーなどはフレーバーで使用される場合にはオレオレジンとして使用される。

植物性香料の例

■花・蕾

□ローズ，ジャスミン，ラベンダー

■果実・果皮

□シトラス（オレンジ，グレープフルーツなど）

□バニラ

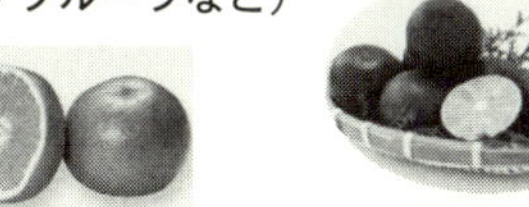

■幹・樹皮

□シナモン，シダーウッド，サンダルウッド

■全葉

□ミント，シソ，ユーカリ

■根茎

□ベチバー，ジンジャー

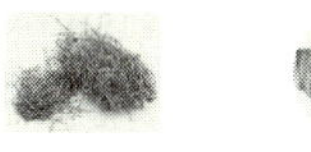

芳香物質の名称

精油（essential oil），アブソリュート（absolute），ポマード（pomade），コンクリート（concrete），レジノイド（resinoide），オレオレジン（oleoresin），チンキ（tincture），エキストラクト（extract）など

6–4　フレーバーにおける天然香料

食品香料における天然香料は，食品衛生法で「動植物より得られる物又はその混合物で，食品の着香の目的で使用される添加物」と定義され，使用できる612品目の動植物名が「天然香料基原物質リスト」(平成22年10月20日　消食表第337号　消費者庁次長通知「食品衛生法に基づく添加物の表示等について」別添2）に記載されている（178, 179頁参照)。

一般に香料では歴史的流れから，天然香料はフレグランス香料に使用されることを前提に説明されることが多い。特に動物性香料はムスク（麝香)，シベット（霊猫香)，アンバーグリス（龍涎香）とフレグランスに限定される。しかし，過去にムスクをグレープなどの香料に使用した例はある。

天然香料は動植物から抽出，圧搾，蒸留などの物理的手段や酵素処理によって得られ，植物由来のものがほとんどであったが，最近ではビーフ，ポーク，チキンなどの畜肉類，ホタテ貝，エビ，カニ，イカ，タコ，カツオブシなどの魚介類，ミルク，バター，発酵乳などの乳製品のような動物性香料も増加してきている。また，発酵酒，蒸留酒およびリキュールのような酒類，酒粕，ぶどう酒粕のような酒類関連物質，味噌や醤油なども天然香料として扱われてきている。

いわゆる天然香料は，動植物から得られた物質を単独で，あるいは数種類，数十種類混合することによって，一定の香りを作り出すうえで添加物として使用されるものである。「動植物から得られた物」には，化学的合成品を含まないことは当然であり，また，天然由来の物質であっても，着香以外の目的で使用される添加物は，これに該当しない。

しかし，天然香料は資源的に需要への対応が難しく，また天然物は処理するために香質の変化を起こしやすく，元の品質のまま利用することは難しいため，合成香料の活用が進められてきた。

日本で使用できる食品添加物

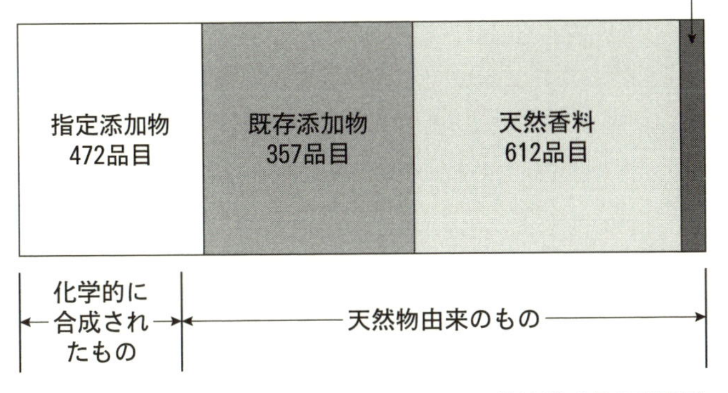

（2019年6月6日現在）

●指定添加物…472 品目（令和 3 年 1 月 15 日更新）
食品衛生法第 10 条に基づき、厚生労働大臣が使用して良いと定めた食品添加物 —香料 132（78 ＋ 54）品目＋ 18 類別 179 頁
●既存添加物…357 品目（令和 2 年 2 月 26 日更新）
日本において広く使用され、長い食経験のある添加物で、例外的に使用、販売等が認められているもの
●天然香料……612 品目（平成 10 年 5 月 21 日更新）
動植物から得られる天然の物質で、食品の香りを付ける目的で使用されるもの（天然香料基原物質リスト）
●一般飲食物添加物…106 品目（平成 23 年 1 月 11 日更新）
一般に飲食に供されているもので添加物として使用されるもの

合成香料は指定添加物の中に含まれます。18 類別に 3253 品目が提示されています。

天然香料基原物質リスト中の動物性香料

アンバーグリス	カストリウム	魚	バターオイル
イカ	カツオブシ	スッポン	バターミルク
ウニ	カニ	タマゴ	ミート
エビ	クリーム	チーズ	ミルク
カイ	シベット	バター	ムスク

コラム　花はなぜ香るのか

私たち人間にとって心地よく感じる花の香りはたくさんある。しかし，すべての花の香りがいい香りとは限らず，また，ほとんど香りを感じない花もある。花は人間を癒すために香っているわけではなく，子孫を残すべく受粉の助けをしてもらうため昆虫を誘引するために香っているのである。なので，人間が臭いと感じる香りも，昆虫にとってはいい香りなのだ。

たまたま人間が良い香りと感じる花を利用してきたというわけである。

7

フレーバー

私たちは味だけでなく，香り，テクスチャーによって，食べ物が持つおいしさを感じ，食事を楽しんでいる。食品香料は，食品への風味付与・嗜好性の向上など，その特徴を最大限に引き立てる目的で飲料やデザート，菓子，乳製品，加工食品などに幅広く使用され，食生活に彩りと潤いを与えている。

フレーバー（食品香料）は，口から摂取する食品に付与することを目的とした香料である。香りのタイプで分類すると，フルーツやコーヒー，スパイス類，ナッツや魚・肉類，酒類など様々である。フレーバリストが香りの素材を分析し，広い分野の様々な食や食べ物の知識を活用し，組み立て，調香していく。また，食品添加物として食品衛生法で規定されている。

7-1　フレーバーとは（日本における食品香料の定義）

一般に食品の風味や香味，または香料を示す言葉として「フレーバー」という言葉が使われる。食品学では香りと味が一体となって知覚され，この感覚をフレーバー（flavor）と呼んでいる。つまり，食品を口の中に入れてから飲み込むまでに感知される，味・香り・触感・温感などを含む複雑な感覚情報を示すものと理解されている。

また，日本では，食品学の定義とは別に，フレーバー（食品香料）は，口から摂取する食品に付与することを目的とした香料のことで使われる（英語では香料付与は Flavoring と訳される）。よって，フレーバーは単純に言うと食べ物をおいしくさせたり，見せたりするものであり，良い香料とはその結果として得られたものと考えられている。

さらに，おいしいと感じているのは味そのものだけではなく，香りや風味，テクスチャーのみならず，食品の彩りや雰囲気，さらにはその日の体調などにまで影響され，十人十色で持って生まれた感覚や育った食環境でそのバラエティは限りなく広い。

一方，日本では食品衛生法で，香料を「食品の製造または加工の工程で，香気を付与または増強するために添加される添加物及びその製剤」と定義している。香料は食品の製造または加工において，食品に添加，混和，湿潤，その他の方法によって香気を付与するものであって，加工食品の美味しさや魅力を決める重要な要素に１つになっている。

フレーバーはフレグランス同様に，天然香料と合成香料を混合した調合香料である。食品の多くは天然物であり，その香りは混合された香気成分であり，単一の香気成分で成り立っている訳ではない。その食品の香りを再現するには多くの香気物質のバランスを整えながら混合していく必要がある。広い香りの世界のなかで，私たちがわかりうる香りを創作していくことがフレーバーの調香（Flavor creation）である。フレーバーを創る調香師をフレーバリストと呼んでいる。

フレーバーとは＝風味・香味

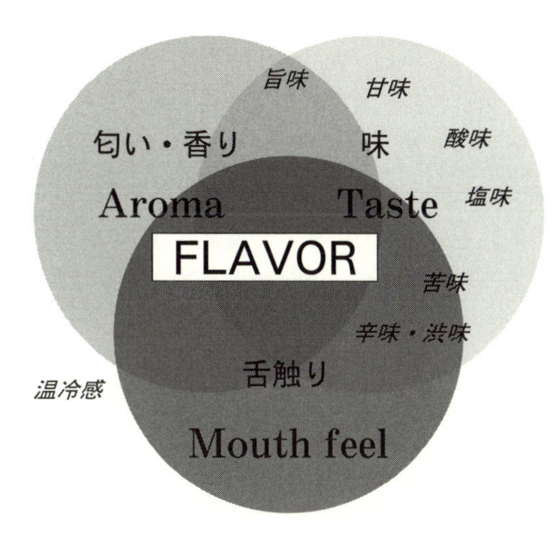

おいしさの構成要素

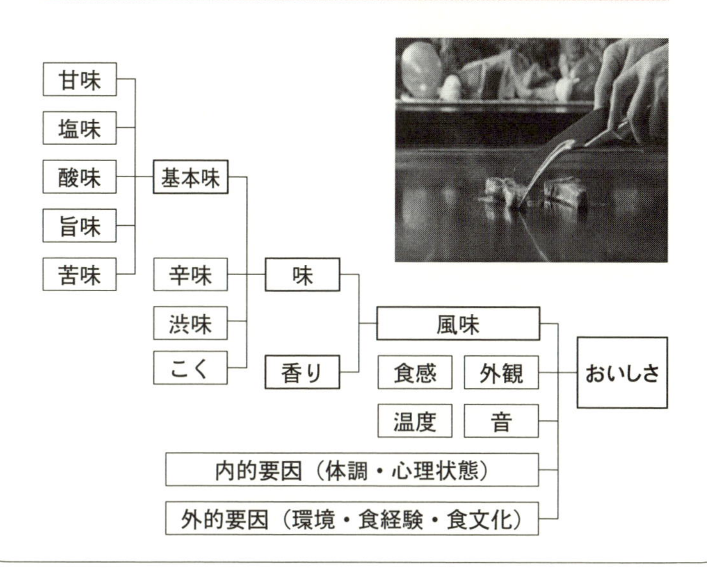

7-2　食品香料の目的と役割

食品衛生法において，食品とは「すべての（医薬品及び医薬部外品を含まない）飲食物」と定義されている。食品は生鮮食品と加工食品に大別され，生鮮食品には，野菜，果物，穀物・雑穀類，魚介類，肉類などがあり，食品香料のターゲットとなり得る。また，加工食品は，製造や加工の工程を経て，食品の本質が変化し，新たな風味が加わり，より積極的な風味の改善を必要としてきた。その機能（目的）を持たせたのが食品香料となる。

フレーバー（食品香料）のおいしく価値のある食品を作るために，以下の目的（役割）を持っている。

1)「香り付け（着香）」

食品が本来持っている香りを香りの少ない素材に付香する。

2)「補香・強化（賦香）」

加工や流通の過程で，食品素材の本来の香りが少なくなる場合に素材本来の香りを補う。

3)「風味矯正（マスキング）」

食品素材本来に好ましくない匂いがある場合や，加工工程で発生する食品として適さないオフフレーバーをマスクして矯正する。

食品に香料を添加するのは，よりおいしく食べられるようにすることが大きな目的となる。

香料を使用するにあたり，その安全性は，香料の性格上，その他の食品添加物と比較すると，次の4つの特性がある。

1）必要量を超えると不快になる。その使用量は自ずと制限される。

2）ほとんどの成分は天然食品に含まれている（常在成分）。

3）使用濃度が低い。ほとんどの食品でその使用量は10 ppm以下で，香気成分単体では1 ppm以下の濃度である。

4）分子量が300以下で一般的に単純な化学構造を有する。

以上の特性をもって，香料は安全であると説明している。

食品香料の目的と役割

1. 香り付け（付香）－Characterization

◆商品の差別化，嗜好性の向上
（ドロップ，のど飴，ガム，サイダー，スナック菓子のバリエーション）

◆本来の食品以外の，新しい加工食品の開発（カニカマボコ，マーガリン）

2. 補香（強化）－Enhancement

◆食品素材本来の香りの補強や増強
（天然果汁，コーヒー飲料，ジャム，即席ラーメンスープなど）

3. 風味矯正（マスキング）－Masking

◆食品素材のニオイやレトルト臭をマスキングし，嗜好性を高める。
（野菜・豆乳飲料のマスキング，栄養ドリンク，レトルト食品，歯磨き）

食品香料の使用例と表示

名　称	焼き菓子
原材料名	小麦粉，砂糖，バター，チーズ，食塩，アーモンドパウダー，シナモン
添 加 物	膨張剤，香料，カラメル色素
内 容 量	100g
賞味期限	○○．○○．○○
保存方法	直射日光・高温・多湿を避け，涼しい場所に保存してください。
製 造 者	×××食品株式会社 東京都港区赤坂○○―○○―○○

栄養成分表示／1枚（標準10g）当たり	
エネルギー	50 kcal
たんぱく質	0.5 g
脂　　質	3.0 g
炭 水 化 物	6.0 g
食塩相当量	0.05 g

7-3　食品香料の用途

加工食品の製造に食品香料が使われる。食品加工において，食品香料が食品産業の鍵を握っていると言っても過言ではない。

食品におけるフレーバーの用途は次の通りとなる。

飲　料	炭酸飲料，果実飲料，乳性飲料，粉末飲料，野菜ジュース，保険・栄養ドリンク，スポーツ飲料，アルコール性飲料，嗜好飲料
菓　子	キャンディー，チョコレート，チューインガム，タブレット，ゼリー，ベーカリー製品，スナック菓子，ケーキミックス
冷　菓	アイスクリーム，アイスキャンディ，シャーベット
チルドデザート	チルドプリン，チルドヨーグルト，チルドババロア，ムース，チルドゼリー
酪農・油脂製品	マーガリン，チーズフード，ドレッシングオイル，コーヒーホワイトナー
スープ	粉末スープ，レトルトパウチスープ，缶詰スープ，インスタントスープ
調味料	ソース，マヨネーズ，ドレッシング
食肉加工品	ハム，ソーセージ，ハンバーグ，食肉缶詰
水産加工品	魚肉ハム・ソーセージ，水産練り製品，水産缶詰
農産加工品	麺，植物たんぱく加工品，ジャム・ペースト，デザートソース，漬け物，農産加工品，果汁・果肉加工品，穀物加工品
調味食品	惣菜，レトルト食品，冷凍食品
たばこ用	紙巻きたばこ，パイプたばこ
口腔用	ハミガキ，うがい薬，口中清涼剤
医薬用	経口内服薬，外用塗布・湿布薬，造影剤（バリウム）
飼料用	家畜用，養魚用，ペット用
産業用	アルコール変性など

用途による分類

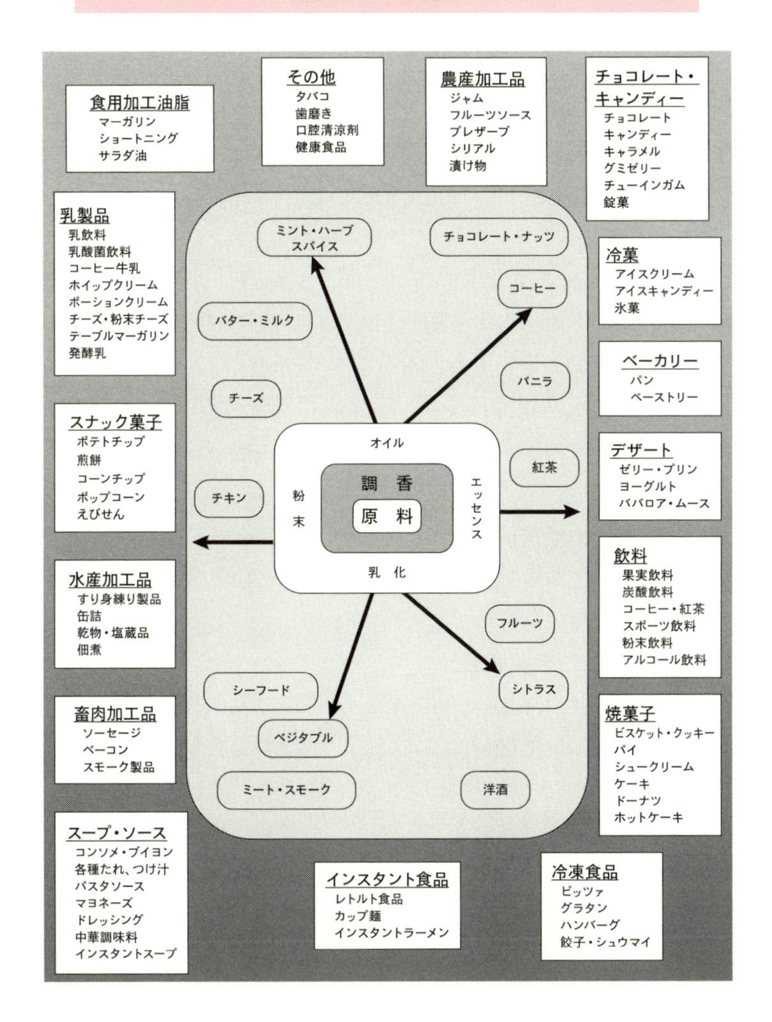
食用加工油脂
マーガリン
ショートニング
サラダ油
その他
タバコ
歯磨き
口腔清涼剤
健康食品
農産加工品
ジャム
フルーツソース
プレザーブ
シリアル
漬け物
チョコレート・キャンディー
チョコレート
キャンディー
キャラメル
グミゼリー
チューインガム
錠菓
乳製品
乳飲料
乳酸菌飲料
コーヒー牛乳
ホイップクリーム
ポーションクリーム
チーズ・粉末チーズ
テーブルマーガリン
発酵乳
スナック菓子
ポテトチップ
煎餅
コーンチップ
ポップコーン
えびせん
水産加工品
すり身練り製品
缶詰
乾物・塩蔵品
佃煮
畜肉加工品
ソーセージ
ベーコン
スモーク製品
スープ・ソース
コンソメ・ブイヨン
各種たれ、つけ汁
パスタソース
マヨネーズ
ドレッシング
中華調味料
インスタントスープ
インスタント食品
レトルト食品
カップ麺
インスタントラーメン
冷凍食品
ピッツァ
グラタン
ハンバーグ
餃子・シュウマイ
冷菓
アイスクリーム
アイスキャンディー
氷菓
ベーカリー
パン
ペーストリー
デザート
ゼリー・プリン
ヨーグルト
ババロア・ムース
飲料
果実飲料
炭酸飲料
コーヒー・紅茶
スポーツ飲料
粉末飲料
アルコール飲料
焼菓子
ビスケット・クッキー
パイ
シュークリーム
ケーキ
ドーナツ
ホットケーキ
ミント・ハーブ
スパイス
チョコレート・ナッツ
コーヒー
バター・ミルク
バニラ
チーズ
紅茶
チキン
フルーツ
シーフード
シトラス
ベジタブル
ミート・スモーク
洋酒
オイル
粉末
エッセンス
乳化
調香
原料

7-4 食品香料の製造

香料は基本的にいくつかの天然香料と合成香料を調合し，香りのバランスを整えることにより調合香料（フレーバーベース）を調合する。その後，調合香料をそれぞれの食品や加工方法に適した形状に加工し生産される。

また，食品香料は食品衛生法によって，食品添加物として，食品と同様に扱われ規制されている。原料的に見ると，食品添加物で規定された原料と食材により構成される。香料メーカーは，調合したフレーバーを添加する食品に適し，取り扱いが便利な製品形態にして出荷している。

(1) 水溶性香料

調合された香料ベースを含水アルコール，プロピレングリコールなどで抽出・溶解したものである。あまり加熱工程のない飲料やアイスクリームなどに用いられる。エッセンスと呼ぶこともある。

また，シトラスの天然精油はテルペン系炭化水素がその 90% 以上を占めるため，含水エタノールで抽出し，エッセンス化して用いられる。

(2) 油溶性香料

フレーバーベースを植物油などで溶解したものである。耐熱性があるので，クッキーやビスケットなどの焼菓子やキャンディーなどの加熱処理工程が必要な食品の香り付けに用いられる。

(3) エマルジョン（乳化香料）

乳化剤や安定剤を使い，フレーバーベースを水に乳化させ微粒子状態にしたもので，香りがマイルドで保留性がよいことが特徴であり，清涼飲料水や冷菓などに用いられる。また，クラウディーとも呼ばれ，飲料ににごりを与える目的で使用されるものもある。

(4) 粉末香料

フレーバーベースをデキストリンや天然ガム質などの賦形剤とともに乳化させた後，噴霧乾燥，乳糖などに吸着させ，粉末化する。賦形剤でコーティングされているので取扱いが便利で安定性もある。粉末スープやインスタント食品のほか，チューインガムなどに利用される。

フレーバーの形態による分類

形　態	製　法	特　徴	用　途
水溶性香料 エッセンス	香料ベースを含水エタノール，グリセリン，プロピレングリコールで抽出，溶解	水に透明，またはわずかに濁って溶ける。軽い新鮮な匂い（トップ）を与えるが，耐熱性は弱い	加熱工程の少ない食品（清涼飲料，発酵乳，乳酸菌飲料，冷菓など）
油溶性香料 オイル	香料ベースを動植物油脂，グリセリン脂肪酸エステルなどで抽出，溶解	油溶性であるとともに，耐熱性に優れる	加熱工程のある食品（キャンディー，ビスケット，チョコレート，チューインガムなど）
乳化香料 （水中油型乳化香料） クラウディ	香料ベースを天然ガム類など，乳化剤や安定剤を用いて，水に乳化・分散させたもの	水に分散し，香気に加え特有の白濁を与える。エッセンスに比べ，力強いフレーバー。口当たり，保留性が良い	清涼飲料，冷菓など
粉末香料　パウダー	香料ベースを天然ガム類で乳化後，噴霧乾燥するスプレードライ型	香料ベースが賦形剤（天然ガム質やデキストリンなど）で覆われた形態であるため安定性に優れ，取り扱いが容易	チューインガム，粉末ジュース，粉末スープ，インスタント食品，魚肉・畜肉加工品，焼き菓子など
	香料ベースをブドウ糖や乳糖などに混合し，吸着させる混合吸着型	加熱工程が無いため，軽く新鮮な香りを持つ	

エッセンス化

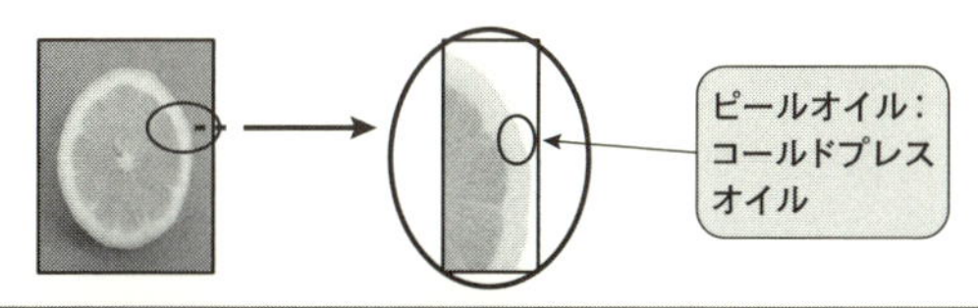

果皮の圧搾によって天然香料（コールドプレスオイル）が得られる

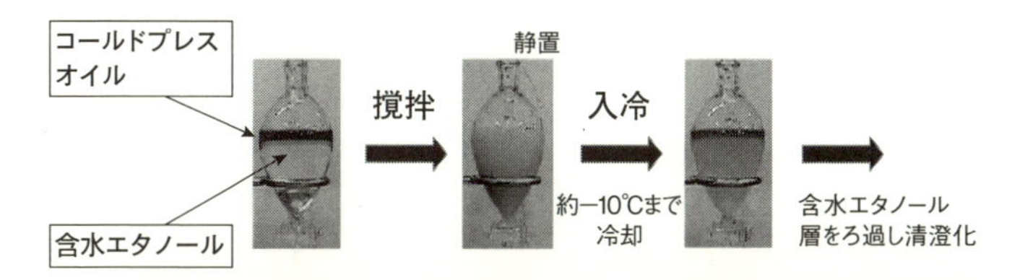

コールドプレスオイルは油溶性香料なため，飲料などに使用するために水溶性にする工程をエッセンス化という

7-5　フレーバーの調香とフレーバリスト

調香師は香りを創ることの詳細な方法やプロセスをあまり説明したがらない。すべての調香師はまず訓練生としてスタートし，パレットに並べる香りを覚え，調香の基礎を学ぶことに数年を費やす。それは画家が色を覚え，繰り返し模写をしながら絵を学ぶのに似ている。ここまではフレグランスを調香するパヒューマーとフレーバーを調香するフレーバリストも同じような道を歩む。

調香師としての経験の中で香りを創る上でその難しさのいくつかに直面する。つまり，調香師として真に成功するためには，調香のテクニックを他人に教えられるのではなく，むしろ，その良いところを直観的に物まねしたり，盗んだりして自分を磨いていかなければならない。これは，知識として覚えていくのではなく，むしろ，からだで体得していくもので調香師という実務者になるための大きなチャレンジである。

(1)　パヒューマー

フレグランス（香粧品香料）の調香師をパヒューマーといい，イメージをもとに香りを創造する。それは具体的ではなく抽象的であり，幻想的とも言われる。

(2)　フレーバリスト

フレーバー（食品香料）の調香師をフレーバリストといい，その調香の基本は食べ物の香りである。調香する対象物は採りたてのリンゴの香りや瑞々しいメロンの香り，ジャムに加工したイチゴの香りなどの「食べ物の香り」で明確であり，その香りをよく観察し調香する。それはパヒューマと比較して，写実的である。

フレーバーを調合するためにまず必要となるのは，ターゲットとなる香りを知ることである。実際の食品を食べてみることが，まず，最初に重要なことであり，いろいろなものを食べてみて，それらのおいしさは何から来ているのか（もしくはおいしくないのは何故なのか）と考えることは，調合の第一歩であると言える。このことは香りを覚えていくために重要である。

また，いろいろなものを食べることは，世の中の動き，流行や嗜好性について知ることにもつながる。

フレーバーの組み立て

天然香料素材
天然精油
回収フレーバー
エキストラクト

合成香料素材
エステル
アルコール
アルデヒド
ケトン
ラクトン

調　合

フレーバーベース

水溶性香料
（エッセンス）

油溶性香料
（オイル）

乳化香料
（エマルジョン）

粉末香料
（パウダー）

調香の木

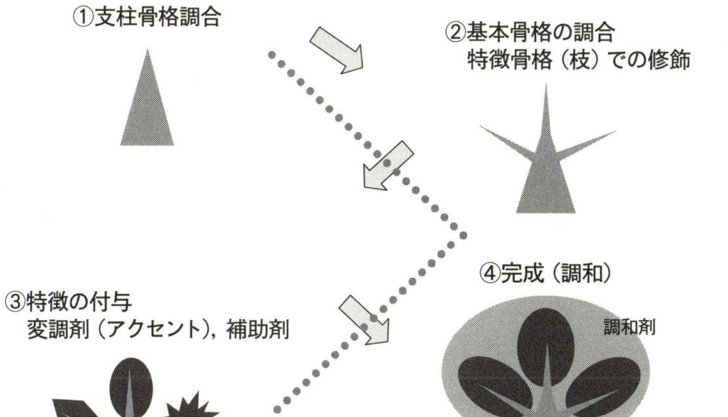

7-6　香りの嗅ぎ方と評価

香りを扱う上で，まずは香りの嗅ぎ方について知らなければならない。実際に香料を嗅ぐ方法を紹介する。

(1) サンプル瓶から直接嗅ぐ

単純に直接サンプル瓶から匂いを嗅ぐ。全体のイメージをすばやく摑むのに有効である。

(2) 匂い紙を使って嗅ぐ

匂い紙は一般的に調香師などの専門家が使用する方法である。

匂い紙（ろ紙と同じ材質の紙を5〜12 mmにカットしたもの）を用意し，サンプル名を記入し，香料を匂い紙の先から5 mm位浸し，溶剤臭の強い場合は軽く振って溶剤をとばし，時間を追いながら匂いを嗅ぐ。

0〜10分　先立ち（トップノート）香料の第一印象（香料の匂いの性格）

10〜20分　中立ち（ミドルノート）香りの性格を決める中心的な骨格部分

20分〜1日　後残り（ラストノート）ベースノート，ドライアウト

匂い紙を用いると，香料の揮発する速度の差を利用して匂いを細かく観察でき，トップからミドル，ラストと全体の匂いの評価に適している。

(3) 水に賦香して評価する方法

食品の香りを扱うフレーバリストは特に香りを鼻で嗅ぐだけでは評価したことにはならず，必ず香りを口に入れて評価する必要がある。その一番簡単な方法が水に賦香して評価することである。パヒューマーはこの作業は行わない。

(4) 食品基材（ベース）に賦香して評価する方法

さらにフレーバーを専門的に評価する方法として，簡易な食品基材から最終的な食品の中から選択して賦香試験をする。

匂いの評価は第一に匂い，味に対する経験・体験を数多く積むことが望まれ，その経験が適切な言葉の表現となって表れる。その中から匂いを連想するものを細かく観察し，そのイメージを言葉で表現できるようにしながら匂いの評価用語を増やしていく。ひとの官能は体調や雰囲気などで安易に変わるため，1回の評価で決定せず，場所や時間をおいて再評価することが大切である。

香料の評価方法

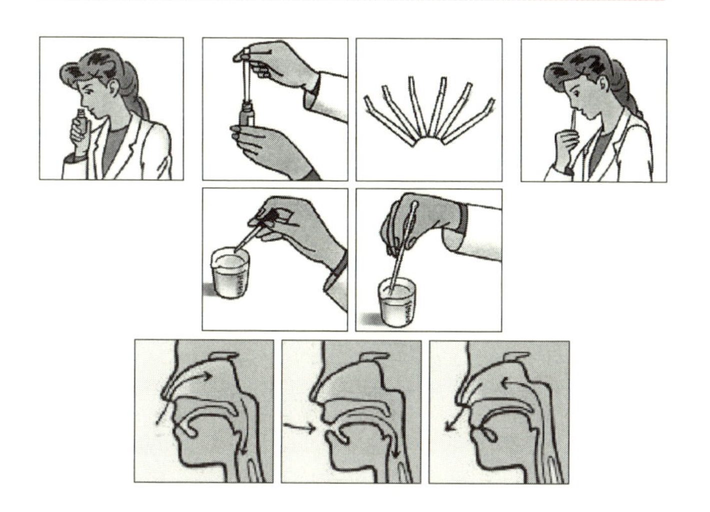

香りの言葉をマスターするには？

① 生活の中で，匂いのあるものの名前，状態，季節などを細かく観察する
② そのイメージを言葉で表現できるように訓練する
③ 身近な食べ物の観察をして，自分のイメージできる言葉や表現を増やしていく
④ イメージできる言葉をまとめて整理する
⑤ 参考書や文献などに示されている言葉を自分の言葉と照らし合わせて整理する
⑥ 製造工程での一連の香り，味の変化を把握し表現の中に組み込む

7-7　調合トレーニング

フレーバリストはパヒューマーと同様に，調合の実務に入る前に，香りを嗅ぎ分ける訓練を行い，香りを評価することを覚え，香りの表現方法とその感覚を身につける必要がある。鼻からの香りだけではなく，口に入れた時の舌や口腔内の感覚や，鼻に抜ける香りを知るためには，実際に口に入れて評価することも重要である。基礎的なトレーニングとしては匂いを1つずつ覚えていくが，最初に最も重要な調合原料そのものを理解すること，次の段階でそれらの使い方を理解すること，さらに，関連する他の成分すべてを含めた理解をすることで，実際の調合への知識となる。

調合を実際に行うにあたり注意を要するのは，濃度によるその香気特性で香りのイメージが異なるものが多い。その濃度による香気特性を良く知っておく必要がある。

フレーバリストのトレーニングは，経験が最も重要であるが，既存のフレーバーのイミテーションや様々なテーマに沿ったフレーバーの調合をしていく中で，個人個人のそれぞれのスタイルというものを築いていくことになる。

実際行われる調合トレーニング方法の一例を次に示す。

(1) 単品素材の匂いの記憶

香料について何も知らない初心者の訓練は，天然と合成のあらゆる有香物質を嗅ぎ分けることから始まる。その訓練を上手に進めるために，まず対照的な匂いを嗅ぎ分けることから始め，次第に同じ系統に属する匂いを嗅ぎ分ける訓練を繰り返し行う。訓練用リストの素材を何度も嗅ぎ，少なくともその名称で嗅ぎ当てるようになることが望まれる。

(2) 対比による匂いの記憶

精油またはフレーバーとそれらに含有されるケミカル（香気成分）を対比させて記憶訓練し，嗅ぎ分けができるように訓練する。合成香料のケミカルについても訓練が進んできたら，官能基別（類別）に嗅ぎ分けの訓練を行う。

パヒューマーとフレーバリストの違いは香りだけでなく，味の記憶も同時に訓練しなければならないのがフレーバリストである。

香りの表現用語例

Acid	酸っぱい，酸臭	Jammy	ジャム様の
Alcoholic	アルコール臭	Juicy	果汁様の，ジューシー
Aldehydic	アルデヒド的な	Ketone	ケトン（乳酸発酵）臭
Aromatic	芳香性の	Lactone	ラクトン臭，ピーチ臭，乳臭
Balsamic	樹脂様の	Malty	モルト臭
Benzaldehyde	ベンズアルデヒド	Marmalade-like	マーマレード様
Bitter	苦い	Menthol	メントール様の
Black	ブラック	Mild	マイルド，柔らかい
Boiled	煮沸した，煮た，茹でた，炊いた	Milky	ミルク様の
Burnt	焦げ臭い	Minty	ミント様の，ハッカ様の
Buttery	バター様の	Musty	カビ臭い
Candy-like	キャンディー様の	Nutty	ナッツ様の
Canned	缶詰様の	Peely	ピール臭，柑橘の果皮様の
Caramellic	カラメル臭，キャラメル様の	Powdery	粉っぽい
Casein	カゼイン臭	Pulp-like	果肉様の
Cheesy	チーズ様の	Rancid	油脂酸化臭
Cinnamic	シンナミック	Ripe	熟した
Citrus	シトラス（柑橘）臭	Roasted	ローストした，焙煎した
Cocoa-like	ココア様の	Salty	塩辛い
Cooked	加熱した，調理した	Seedy	種の様な
Cool	冷たい，涼しい	Skin-like	皮の様な
Creamy	クリーム様の	Smokey	スモーキー，燻臭の
Dry	酒等の辛さ，乾いた，ドライ	Sour	酸っぱい
Egg-like	たまご様の	Spicy	スパイス様の，香辛料の
Esteric	エステル臭（フルーツ臭）	Sugary	砂糖のような
Fancy	幻想的な	Sulphor	イオウ臭
Fatty	油脂様の	Sweet	甘い
Ferment	発酵臭	Terpenic	テルペン様の
Flesh	果肉様の	Tropical	トロピカルな
Floral	花様の	Unripe	未熟な
Flowery	花のような，花香，華やかな香り	Vanilla-like	バニラ様の
Fresh	フレッシュ，新鮮な，爽やかな	Warm	暖かい，暖かみがある
Fruity	果実様の	Watery	水っぽい
Grassy	草様の	Waxy	蝋様の
Green	グリーン，青葉様の	Wild	粗野の，野性の
Herby	ハーブ様の，枯れ草様の	Wine-like	ワイン様
Honey-like	蜂蜜様，密様	Woody	木質的な
Hot	ホット，ぴりぴりと辛い	Yogurt-like	ヨーグルト様

7–8　食べ物の香り

フレーバーは食べ物の具体的な香りを知ることが重要である。ここでは個々の食べ物の香りとその特徴だけを解説する。香りは食品中の濃度（強度）と他の成分とのバランス（割合）がその食べ物の特徴が表現されている。

7–8–1　シトラス

①　オレンジ

精油の90% 以上はテルペン系炭化水素でその主成分は *d*–リモネンである。オクタナール，デカナールが果皮感（ピール感），ゲラニオール，ゲラニルアセテートが果汁感，さらにリナロール，シネンザール，エチルアセテートが甘さを，エチルブチレート，エチルヘキサノエートは軽い果実感を与える。

②　レモン

レモンの特徴を示す重要な香気成分はシトラールで，精油の約5% 含まれ，酸味のある果皮感を与える。さらに，ネロール，α–ターピネオール，リナリルアセテート，ゲラニルアセテート，ネリルアセテートは果汁感を与える。また，サンショウを連想するシトロネラールはシトラールを補完しながら，全体的な深みと強さを与える。

③　ライム

レモンの香りに類似するが，ライムの特徴はシトラールと α–ターピネオールとの組合せによってもたらされる。また，1,8–シネオールは新鮮な果汁感を増長させ，ターピネン–4–オールは新鮮なライムらしいスパイシーさを与える。

④　グレープフルーツ

グレープフルーツの特徴を示す重要な香気成分はヌートカトンで独特の苦みを伴った果皮感を与える。さらにオクタナール，デカナールは果皮感（ピール感）を強める。また，*p*–メンタ–8–チオール–3–オン（ブチュメルカプタン）は微量で，スチラリルアセテートも同様に独特の果汁感や果肉感を与える。

独特の爽やかな苦味は果汁中に0.03～0.1% 程度含まれるナリンジンによる。

⑤　和柑橘（柚子）

温州ミカン，柚子（ユズ），スダチ，カボス，夏ミカンなどの日本の柑橘も精油の生産が行われ，少しずつフレーバーのターゲットに上げられるようになった。

オレンジ・レモン

Flavor Components–Citrus	
Orange	Lemon
d–Limonene	*d*–Limonene
β–Myrcene	β–Myrcene
Valencene	Linalool
Linalool	Geraniol
α–Terpineol	α–Terpineol
Geraniol	Nerol
Octanal	Citronellol
Nonanal	Terpinen–4–ol
Decanal	Citral
Citral	Citronellal
Sinensal	Nonanal
β–Ionone	Granyl acetate
Ethyl butyrate	Neryl acetate
Ethyl 2–methylbutyrate	Isoamyl acetate
Ethyl hexanoate	Isobutyl acetate
Octyl acetate	1,8–Cineole
Dimethyl anthranilate	

レモンの GC 分析

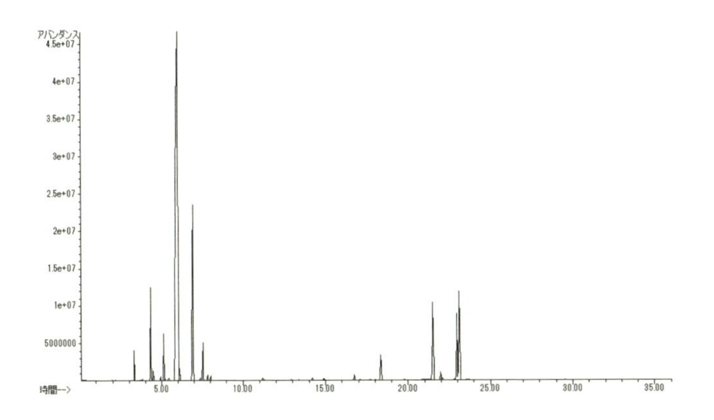

7-8-2　フルーツ

①　アップル

りんごの香りを特徴付ける成分として，トランス-2-ヘキセノール，ヘキシルアセテートがフレッシュな果肉感とグリーン感を与える。さらに，ヘキサナール，ヘキサノールはりんごの皮のような香りと赤さに寄与している。また，ブチルアセテート，エチル-2-メチルブチレート，2-メチルブチルアセテート，エチルブチレートはトップノートに軽さと甘さのある新鮮感をイメージさせる。近年，りんごの蜜の要素とし，β-ダマセノンが使われる。

②　イチゴ（ストロベリー）

イチゴの香りは骨格としてトップの軽い甘さであるエチルブチレートと新鮮さを与えるシス-3-ヘキセノールで構成される。トップの軽さと甘さを与えるものとしてブチリックアシッド，強いグリーン感を出すトランス-2-ヘキセナール，種感を出すリナロール，果肉感を想起させるラクトン類，ジャム感にはメチルシンナメート，果実用の甘さを出すフラネオールがあげられる。

③　ベリー類

ブルーベリー，クランベリー，ブラックベリー，ラズベリーなどがあり，その香りはとても複雑である。本物に近い香りから，ファンシーな香りまで幅が広い。ラズベリーはラズベリーケトンとβ-イオノンが骨格をなし，青さ，甘さを連想させる成分がそれらを修飾している。特にβ-ダマスセノンが熟した感じ，メチルジャスモネートがフローラル感を出している。また，ブルーベリーはイチゴを含めたベリー系のミックスしたような複雑な香りを持っている。

④　ぶどう（グレープ）

ぶどうの香りはコンコードグレープ特有の成分であるメチルアンスラニエートと甘酸っぱいぶどうを連想するエチルプロピオネートが骨格となり，多くのエステル類で構成される。さらに，マスカットアレキサンドリアに代表されるホワイトグレープはネロール，ゲラニオール，リナロール，リナロールオキシド，ローズオキシド，β-イオノンなどのグリーンで瑞々しさを特徴として構成される。

アップル

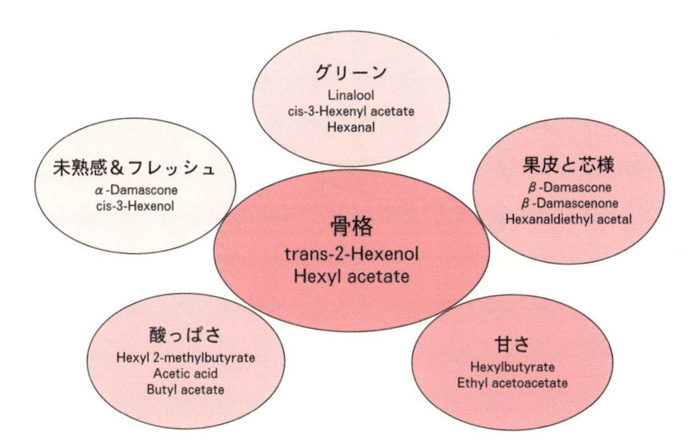
グリーン
Linalool
cis-3-Hexenyl acetate
Hexanal
未熟感＆フレッシュ
α-Damascone
cis-3-Hexenol
果皮と芯様
β-Damascone
β-Damascenone
Hexanaldiethyl acetal
骨格
trans-2-Hexenol
Hexyl acetate
酸っぱさ
Hexyl 2-methylbutyrate
Acetic acid
Butyl acetate
甘さ
Hexylbutyrate
Ethyl acetoacetate

ストロベリー

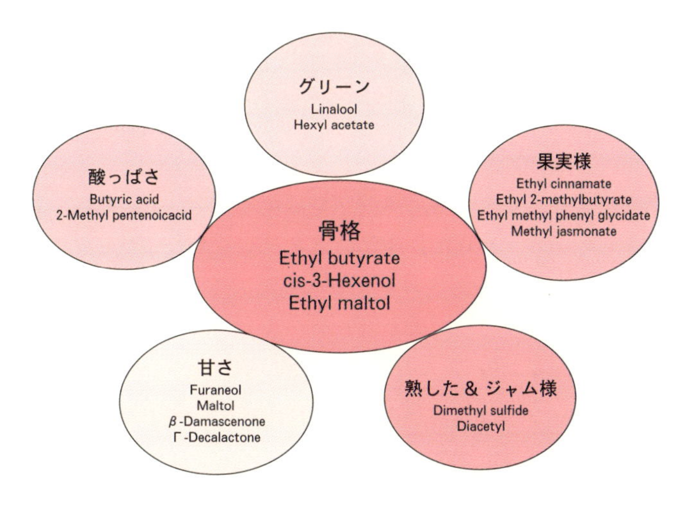
グリーン
Linalool
Hexyl acetate
酸っぱさ
Butyric acid
2-Methyl pentenoicacid
果実様
Ethyl cinnamate
Ethyl 2-methylbutyrate
Ethyl methyl phenyl glycidate
Methyl jasmonate
骨格
Ethyl butyrate
cis-3-Hexenol
Ethyl maltol
甘さ
Furaneol
Maltol
β-Damascenone
Γ-Decalactone
熟した＆ジャム様
Dimethyl sulfide
Diacetyl

⑤　メロン

メロンの香りの特徴はいわゆるキュウリ様のグリーンノートを持つ2.6–ジメチル–5–ヘプタン–1–アール，シス–6–ノネノール，3.6–ノナジエナール，などが骨格をなす。エチルアセテート，エチルブチレート，エチル2–メチルブチレート，イソアミルアセテート，ヘキシルアセテートで果肉感を，さらに甘さにフェニルエチルアセテート，ベンジルアセテート，γ–デカラクトンが寄与している。

⑥　パイナップル

パイナップルはアリルヘキサノエート（アルデヒドC–19）がよく知られているが，分析して得られる成分としてはメチルヘキサノエート，エチルヘキサノエートを主体とするエステル類で構成され，エチル3–(メチルチオ）プロピオネート（パイナップルメルカプタン）が甘い完熟感，フラネオールが完熟した甘さに貢献している。

⑦　ピーチ

ピーチは白桃と黄桃があり，その香気にも違いがある。その香りはピーチラクトンと言われるγ–ウンデカラクトン（アルデヒドC–14）が，よく知られている。しかし，分析ではγ–デカラクトンを中心として，C–8～C–12までのガンマーおよびデルターラクトン類が桃の複雑な香りを出している。特に白桃ではラクトン類とシス–3–ヘキセニルアセテートの組合せが重要である。

⑧　バナナ

バナナはイソアミルアセテートがその香りを連想させ，イソアミルブチレート，イソブチルプロピオネート，イソプロピルアセテートが厚み，甘い果実様の香りを補強している。さらに，少量のオイゲノール（クローブの主成分）が入ることにより，より本物の香りを連想させる。また，シス–3–ヘキサノールなどの草様の香りがフレッシュさを与えている。

⑨　トロピカルフルーツ

トロピカルフルーツとは熱帯から亜熱帯にかけて分布する果実でバナナ，パイナップルの他にマンゴ，グアバ，パパイヤ，パッションフルーツ，ドリアン，マンゴスチン，キウイフルーツなどが知られており，香りの特徴は含硫黄化合物がその特徴を出し複雑である。また，完熟度により香りのイメージも変わる。

フルーツフレーバー処方例

	Apple	Banana	Strawberry	Pineapple	Kiwi	Pear
trans-2-Hexenol	40	-	-	1	20	-
cis-3-Hexenol	-	2	10	-	-	1
Isoamyl acetate	15	60	10	5	4	15
Hexyl acetate	25	2	1	8	1	60
Ethyl butyrate	2	5	55	20	8	2
Ethyl isovalerate	4	5	10	3	50	2
Isoamyl isovalerate	2	10	2	2	5	8
Allyl hexanoate	1	5	1	50	1	1
Furaneol 15% PG	10	10	10	10	10	10
β-Damascenone 1%PG	1	1	1	1	1	1
Propylene glycol	900	900	900	900	900	900
	1000	1000	1000	1000	1000	1000

バナナ

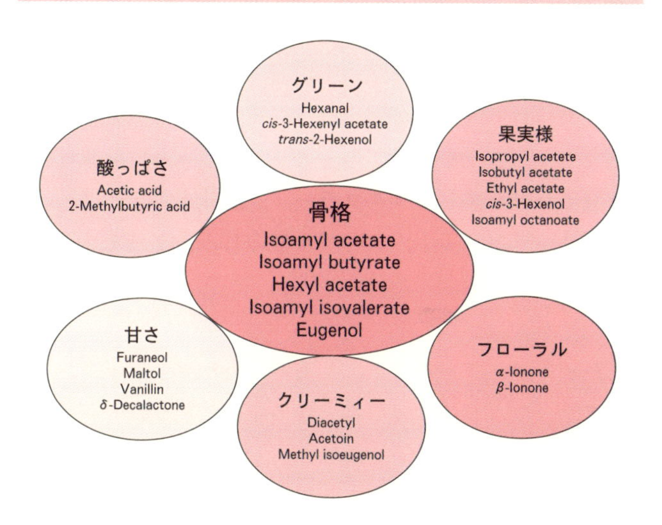

7-8-3　バニラ，コーヒー，ナッツ，チョコレート，茶

①　バニラ

バニラはメキシコ原産のラン科の植物で，ブルボン種とタヒチ種があり，マダガスカル，インドネシアが主な産地で，結実したビーンズをキュアリング（熟成乾燥）し利用される。良質のバニラビーンズで約2%のバニリンが含まれる。香気成分はバニリンを骨格として，フェノール類が約90%で構成される。このバニラビーンズを抽出処理してバニラエキストラクト，バニラオレオレジンが製造され，香料素材として利用されている。バニラの香気はブルボン種で*p*-ヒドロキシベンズアルデヒド，アセティックアシッド，4-メチルグアイアコールなど，また，タヒチ産ではアニスアルコール，アニスアルデヒド，ヘリオトロピン，アニシックアシッドなどが特徴となっている。バニラは素材として，現在でも抽出物を中心とした天然物に依存されており，見出されている成分は合成香料として補強的な使用がなされている。

②　コーヒー

コーヒーの品種はアラビカ種とロブスタ種があり，ブラジル，中南米，エチオピア，ベトナムなどで栽培されており，産地特有の風味を有する。また，コーヒーの香りの重要な要素として焙煎があり，その度合いによって大きく異なる。焙煎度合いは浅焙煎，中焙煎，深焙煎の3段階に分けられ，香りのイメージとして浅焙煎は酸臭やグリーン感，中焙煎はカラメル用の甘さ，深焙煎は香ばしさや苦みのあるロースト感が強くなる。特徴となる成分として，フルフリルメルカプタンやローストした感じのピラジン類，トップの焦げた感じとしてジアセチル，甘く焦げた感じのフルフラール，酸味として，アセティックアシッド，イソバレリックアシッド，メープル様の甘み，焦げた甘みとしてマルトールがあげられる。

③　ナッツ

ナッツはピーナッツ，アーモンド，くるみ，ヘーゼルナッツ，カシューナッツ，マカデミアナッツ，ココナッツなどがあり，焙煎したロースト感，それぞれが持つナッツ感，脂肪感が特有の風味を出している。香気成分としてはフェノール類，アルデヒド類，ケトン類，ラクトン類，ピリジン類，ピラジン類，フラン類などから構成されている。

コーヒープロファイル

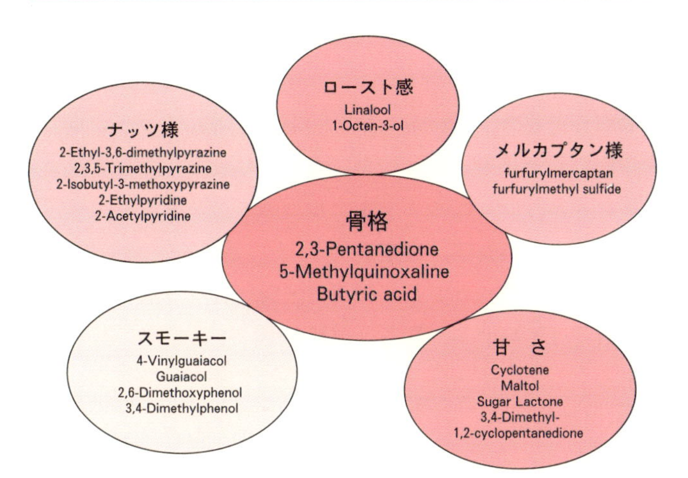

コーヒーのGC分析

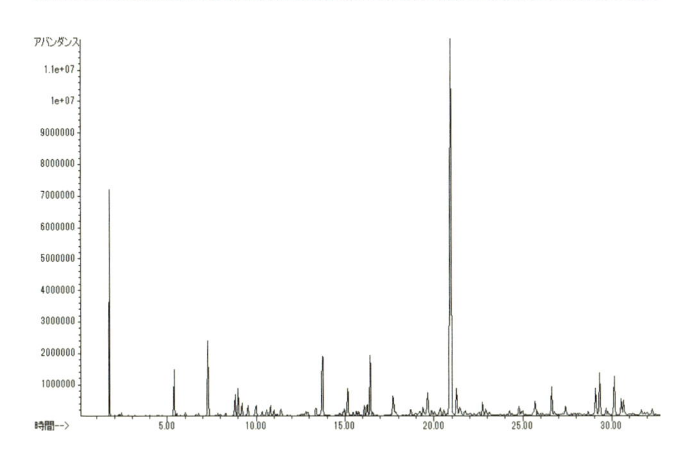

④　チョコレート

チョコレートの原料となるカカオ豆は中央・南アメリカが原産で，高温多雨の地域で育つ熱帯植物で西アフリカ，東南アジア，中南米で栽培されている。加工は，カカオ豆→選別→粉砕分離→焙炒→磨砕→カカオマスのように行われ，カカオマスを圧搾してココアバター，残渣を粉砕してココアパウダーが得られる。

特徴となる成分として，軽いトップノートを与えるイソバレルアルデヒドなどの低級脂肪族アルデヒド，焙炒によって得られる多くのピラジン類，フローラルなりリナロール，フェニルエチルアルコールなどである。

⑤　茶（緑茶，ウーロン茶，紅茶）

茶類における緑茶，ウーロン茶，紅茶の区別は製造段階で行われる発酵の有無に関わる。緑茶は不発酵茶，紅茶は発酵茶で，その中間にある半発酵茶がウーロン茶である。

a. 緑茶（不発酵茶）

緑茶の代表的な香り成分として，青葉のようなシス-3-ヘキセノールがあり，海苔のようなジメチルスルフィド，フローラル感がある β-イオノンなどで骨格を形成している。

b. ウーロン茶（半発酵茶）

ウーロン茶には発酵度の違う文山包種，安渓鉄観音，武夷岩茶，鳳凰単欉，また，高級の東方美人茶などが有る。茶系の香りとしてはフローラル感を連想するインドール，メチルジャスモネート，リナロール，ゲラニオールなどがある。

c. 紅茶（酵茶）

紅茶は完全発酵茶で，香りも強く，特に産地により，インド東北部のダージリン，スリランカのウバ，中国・安徽省のキーモンが独特の香気を有している。ダージリンはリナロールやリナロールオキシドなどのフルーティーなマスカット様，ゲラニオール，フェニルエチルアルコールやメチルジャスモネートなどのバラ用の香りを，ウバはメチルサリシレートが特徴となり独特な清涼感があり，キーモンはホトリエノールや β-ダマセノンなどにより蘭の花や蜂蜜の様の甘い香りと独特のスモーク臭からできている。

チョコレート

Phenylethyl alcohol	Acetic acid
Isobutyraldehyde	Butyric acid
Isovaleraldeyde	γ-Decalactone
Benzaldehyde	Ethyl octanoate
5-Methyl-2-phenyl-2-hexenol	Ethyl phenylacetate
5-Methyl furfural	Phneylethyl acetate
Furfural	2,5（2,6）-Dimethyl pyrazine
2-Acetyl furan	2.3.5-Trimethyl pyrazine
Vanillin	Ethyl 2,5（2,6）-dimethyl pyrazine
Diacetyl	2,3-Dimethyl pyrazine
Acetyl methyl carbinol（Acetoin）	2-Ethyl-3-methyl pyrazine
Maltol	Tetramethyl pyrazine

紅　茶

trans-2-Hexenol	Benzaldehyde
cis-3-Hexenol	Phenylacetaldehyde
Linalool	*cis*-Jasmone
Geraniol	*β*-Ionone
ℓ-Menthol	*β*-Damascenone
2-Phenylethyl alcohol	Jasmine lactone
Linalool oxide	Methyl phenyl carbinyl acetate
Hexanal	Phenylethyl aceate
trans-2-Hexenal	Methyl salicylate

7-8-4　乳　製　品

乳製品の香りは牛乳の栄養成分であるタンパク質，脂質，糖質が起源となり，製造過程での加熱殺菌や発酵，熟成によって生成される。

①　ミルク（クリーム）

生乳の香りは弱く，牛乳製造時の加熱殺菌などよるオフフレーバーがその特徴を形成している。香り成分としてはジメチルスルフィド，ブチリックアシッド，δ-デカラクトンなどがあげられる。

②　バター

バターには製造の違いで，スィートクリームバターと発酵バターがあり，δ-デカラクトン，δ-ドデカラクトンなどのラクトン類，デカノイックアシッド（カプリックアシッド）などの高級脂肪酸やケトン類によって特有の香りになる。発酵バターではクリームの発酵により生成するジアセチル，アセトインの発酵臭が強くなる。

③　チーズ，ヨーグルト

チーズもヨーグルトも牛乳の乳酸発酵がその香りの生成に大きく関与している。ヨーグルトではジアセチル，エチルラクテートが特徴の香りをなす。チーズは乳酸発酵以外に熟成過程の違いがその特徴として現れる。青カビを作用させるブルーチーズでは 2-ノナノンを中心とするメチルケトン，カマンベールでは 2-ヘプタノール，2-ノナノール，エメンタールではプロピオニックアシッドが特徴成分である。

7-8-5　酒　類

酒類の香りは原料，発酵，熟成によって生じ，酒類特有の香りを形成する。日本酒は吟醸香として，エチルヘキサノエート，イソアミルアセテートなどのエステル類，独特の香りを醸し出している。ワインはラクティックアシッド，アセティックアシッドなどの脂肪酸類，ヘキサノール，メチルアントラニエート，リナロール，フェニルエチルアルコール，ラクトン類，エステル類によって構成される。蒸留酒は焼酎，ウイスキー，ブランデー，ラムなどがあり，香気も異なる。一般的にフーゼル様のアルコール類，エステル類などで構成される。混成酒は醸造酒や蒸留酒に果実やハーブなどを砂糖と共に漬け込み，その成分を浸漬したものでリキュールともいう。日本では梅酒が代表的であり，香りは色々な香り成分が抽出され複雑な香りを醸し出している。

乳製品（ミルク，バター，チーズなど）

δ-Hexalactone	2-Heptanone
δ-Octalactone	2-Nonanone
δ-Decalactone	2-Undecanone
δ-Undecalactone	cis-4-Heptenal
δ-Dodecalactone	trans-2-Hexenol
δ-Tetradecalactone	Hexanol
γ-Nonalactone	Ethyl butyrate
γ-Decalactone	Isoamyl acetate
γ-Dodecalactone	Ethyl octanoate
Massoia lactone	Ethyl decanoate
Butyric acid	Ethyl dodecanoate
Hexanoic acid	Ethyl myristate
Octanoic acid	Ethyl lactate
Decanoic acid	Butyl butyryl lactate
Dodecanoic acid	Methyl p-tert-Butyl phenylethyl acetate
Myristic acid	Dimethyl sulfide
Palmitic acid	2-Methyl thiobutyrate
Oleic acid	Vanillin
5,6-Decenoic acid	Ethyl maltol
9-Decenoic acid	Sulfurol
Diacetyl	2-Methyl-3-furanthiol
2,3-Pentandione	Furfural
Acetyl methyl carbinol	5-Methyl furfural
2-Pentanone	

ミルクの GC 分析

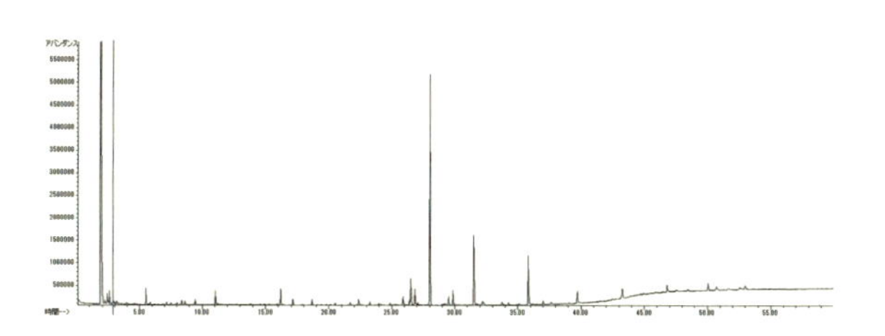

バターの GC 分析

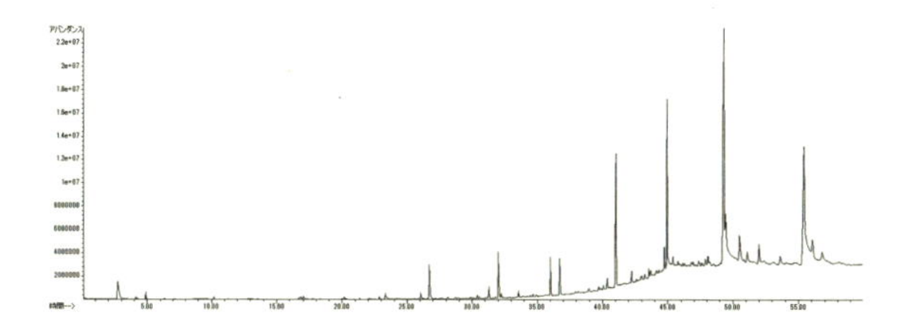

7-8-6　スパイス，ハーブ

スパイスは多くの種類があり，また，それぞれ特有の香りを持っており，料理の特徴づけや風味を複雑にし，厚みを付与するのに活用されている。

種類として，バジル，ベイ，唐辛子，キャラウェー，カルダモン，カシア，シナモン，セロリ，クローブ，コリアンダー，クミン，ディル，ファンネル，フェヌグリーク，ガーリック，ジンジャー，ローレル，マジョラム，ナツメグ，オニオン，パセリ，胡椒，ミント，ローズマリー，サフラン，セージ，セイボリー，スターアニス，タイム，ターメリック，山椒，紫蘇，山葵などがある。

7-8-7　セイボリー

砂糖などの甘味をベースとする食品に使用されるスィートフレーバーに対して，塩味をベースとする食品に使用されるフレーバーをセイボリフレーバーという。スナック，ソース，スープ，畜肉・水産製品，調味料などに使用される。

①　畜肉系

一般的に加工調理時においしい香りが発現する。メイラード反応や脂肪の酸化分解に起因し，焼く，煮る，炒める，揚げる，燻煙などの調理によって香りが形成される。2–メチル–3–フランチオールやフラネオールが肉の香りを想起し，γ–ノナラクトンなどのラクトン類が和牛の肉感に寄与している。

②　魚介類

魚介類の香気の研究は少なく，トリエチルアミンなどの揮発性塩基物質，脂肪酸，カルボニル化合物，ジメチルスルフィドなどの含硫化合物が検出されている。

③　野菜系

野菜は生のまま，茹でる，炒める，蒸す，揚げるなどの調理で素材の風味が変化し，キャベツはシス–3–ヘキセノール，アリルイソチオシアネート，トマトはシス–3–ヘキセナール，茹でたトウモロコシではジメチルスルフィドが重要な香りとされる。

④　調味料

日本では味噌や醤油などの代表される発酵食品が調味料として使用される。醤油の主要成分は4–ヒドロキシ–2–エチル–5–メチル–3–(2H)–フラノン（HEMF）でカラメル様の強烈な香りで，醤油以外の味噌でも見出されている。

牛肉（ビーフ）

Diacetyl	2-Medthyltetrahydrofuran-3-one
Acetyl methyl carbinol	δ-Hexalactone
Pyridine	δ-Octalactone
Furaneol	δ-Decalactone
Maltol	δ-Dodecalactone
Butyric acid	δ-Tetradecalactone
Hexanoic acid	γ-Octalactone
Octanoic acid	trans-2-Nonenal
Decanoic acid	trans-2,trans-4-Decadienal
5-Methyl furfural	2,3,5-Trimethyl pyrazine
Furfural	2,3-Dimethylpyrazine
2-Acetyl furan	2,5-(2,6)-Dimethy pyrazine
2-Methyl-3-furanthiol	

牛肉（ビーフ）の GC 分析

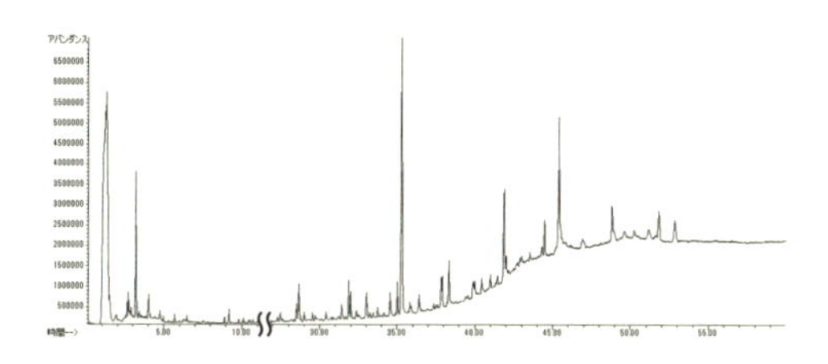

香りのタイプによる分類

シトラス系	オレンジ，レモン，ライム，グレープフルーツなどの柑橘系
フルーツ系	アップル，バナナ，グレープ，メロン，ピーチ，パイナップル，ストロベリーなど（シトラス系に比べて酸味の少ないフルーツ）
乳製品系	ミルク，クリーム，バター，チーズ，ヨーグルトなど
嗜好飲料系	緑茶，紅茶，ウーロン茶，コーヒー，ココアなど
バニラ系	バニラ
ミント系	ペパーミント，スペアミントなど
スパイス系	ペパー，シナモン，ジンジャー，クローブ，ナツメグ，タイムなど
ナッツ系	ピーナッツ，アーモンド，ヘーゼルナッツ，カシューナッツなど
畜肉・水産品系	牛肉，豚肉，鶏肉，ラム肉などの肉類，カニ，エビ，ホタテなどの水産物
調味料系	スープ，醤油，ソース，ケチャップ，マヨネーズ，ドレッシングなど
酒類系	ワイン，スピリッツ，リキュール，カクテルなど
ファンシーフレーバー	コーラフレーバー，サイダーフレーバー，ミックスフルーツフレーバー

7-9 フレーバークリエーション

フレーバー（食品香料）を創りあげる上で，大きなウエイトを占めるのが調香である。調合にはフレーバリストの創造的芸術性とも言うべきものも必要であって，香気成分を原材料の混合された複雑な中であっても，構成されている大切な香りを見つけ出す能力を持ち合わせており，直感的で創造的な独創力を活用して香りを創作できるのである。フレーバーはまず常に食べ物が調香のスタートであり，何かの食べ物を模倣した調香となる。

調香のポイント

(1) 調香の基本

調香を始める前にまず必要なことは創作するもののしっかりしたイメージを持つことである。そのイメージに合わせて原料（パレットの絵の具）を選択し，そのイメージに対して，原料がどのような役割や位置づけを持っているかを確認しながら評価していくことが大切である。

次にあらかじめ準備した原料，素材をもとに，フレーバリストは調合に入る。そして，製品試作・官能評価・調合を繰り返しフレーバーが完成する。

また，加工処理工程に合わせ，手直しおよび修正し，最終的なフレーバー調合が完成となる。

(2) 調香のプロセス

プロセスとしてはまず調合に使用する素材を選ぶことから始める。その素材を自分のパレットに並べることになる。

素材を選んだ後，調香でまず行う作業がこれらを求められている香りに合うように配合して，イメージに合わせてフレーバーの主骨格と言うべき骨組み（ボディ）を創ることから始まる。そして，これらを修飾することにより，立体的な香りの骨格を創造していく。その後，これに固有の特徴を出す変調剤や調子を整える調和剤を加え，さらに微妙なニュアンスを表現する補助剤を加え，最後に揮発性や持続性を調節するための保留剤などを加えてフレーバーベースができ上がる。このフレーバーベースを使って，実際のフレーバーにするためはさらに付香された食品に合うように調整・製剤化される。

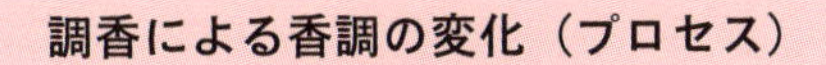

調香による香調の変化（プロセス）

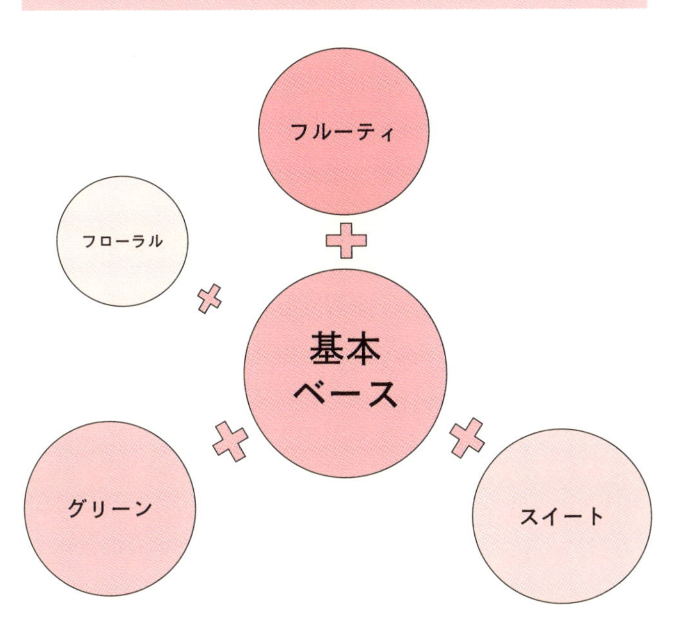

調香時の香気特性

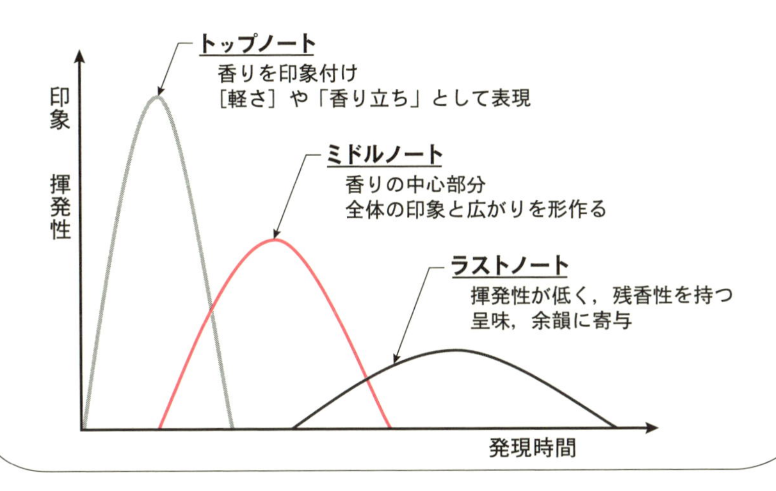

7-10　加熱調理フレーバーと酵素フレーバー

(1)　加熱フレーバー

食品は自然な香味を持つ食品と加熱，加工処理をすることで生成する香味をもつ食品に大別される。とくに加熱はおいしい匂いと味を創り出す要素として大きく，いろいろなは調理方法が工夫されてきた。加熱調理により生成する匂いは「加熱調理フレーバー」と呼ばれ，加工食品に広く利用されている。

加熱により生成する香気は多種多様で，糖質とアミノ酸の反応であるメイラード反応とアミノ酸のストレッカー分解反応が香気生成に重要な役割を果たしている。この反応は香料の製造においても利用されている。さらに調理フレーバー，シーズニングオイルの開発が進んでいる。

(2)　酵素フレーバー

植物，動物により生産されるタンパク質，糖質，脂肪は，そのままでは香気はないが，香気前駆物質として，酵素反応により低分子化されると香りとして感じる。牛乳中の脂肪には揮発性の遊離脂肪酸が存在し，乳中に存在するリパーゼで加水分解生成される。脂肪酸は乳の加工が進むと，加熱分解や発酵食品に使われる微生物の生産するリパーゼによりさらに分解され，いろいろな乳製品の重要なフレーバー成分としてその香りに貢献してくる。

それを逆に活用して，欧米を中心にチーズの熟成期間を短縮する目的で，リパーゼやプロテアーゼを利用したエンザイムモディファイドチーズが開発され，その後，この手法でミルク，チーズ，バターフレーバーなどが開発されるようになった。さらにリパーゼは油脂（トリグリセライド）を加水分解して，遊離脂肪酸を生成させる。この方法でバターの酵素分解物を利用した乳製品フレーバーの生産が行われている。さらに乳酸発酵を利用したフレーバー開発も行われるようになった。また，日本酒やワインなどの発酵食品から香りを取り出し活用がされている。日本酒からの吟醸香も調香に使用されている。

フレーバー天然香料素材

区分	製法	例
精油（Essential Oil）	水蒸気蒸留	大部分の精油，ペパーミント油，スパイス類の精油
	圧搾	オレンジ油，レモン油，グレープフルーツ油
エキストラクト（Extract）	含水アルコールなどで抽出	バニラエキストラクト，ココアエキストラクト，ハーブエキストラクト
オレオレジン（Oleoresin）	溶剤で抽出後，その溶剤を除去。	バニラオレオレジン，ジンジャーオレオレジン，シナモンオレオレジン
回収フレーバー	果汁を濃縮する時，水と共に流出する香気成分を回収する。	アップル回収香，グレープ回収香
炭酸ガス抽出フレーバー	液化炭酸ガス，または超臨界状態の炭酸ガスで抽出する	オレンジ，ユズなどの柑橘類，バニラ，ホップ，ジンジャーなどのスパイス類
酵素フレーバー	動植物の可食部分を酵素や微生物で処理することにより発生させる。	バター，ミルク，チーズ，クリーム
プロセスフレーバー	食品の調理に類似した条件で加熱することにより発生させる。	コーヒー，チョコレート，ナッツ頭，ミート，キャラメル，パン，乳製品

プロセスフレーバー

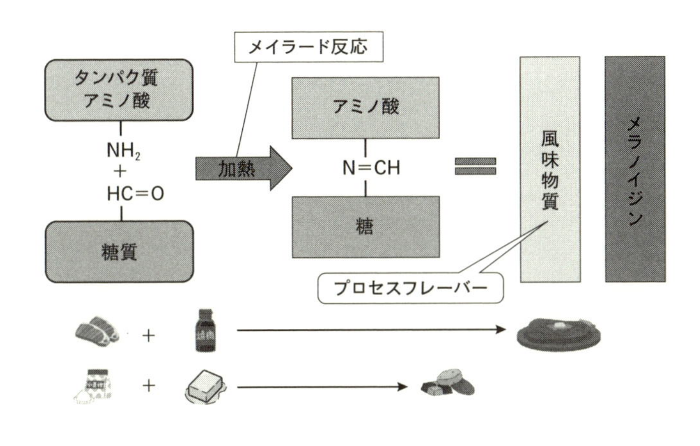

7-11　フレーバーリリース

普段あまり意識することはないが，私たちは飲食中に2種類の香りを感じている。1つは直接鼻から嗅いだときに感じる香りをオルトネーザルアロマ（Orthonasal aroma）と言い，もう1つは食べ物を口に含んだ時の口腔内で感じる香気，つまり喉から鼻に抜けて感じられる香りをレトロネーザルアロマ（Retronasal aroma: 口腔内香気）と言って区別している。そしてその違いをフレーバーリリース（香りの広がり）とし，“おいしさ”に影響を及ぼす重要な要素の1つとしている。また，その香りの強さや広がり方によって食品の“おいしさ”や“風味の良さ”への影響の研究が行われている。

レトロネーザルアロマは口腔内香気の他，あと香，もどり香，経口香，咀嚼香，嚥下香，喉ごし香などと言われている。ただし，嚥下動作時は呼気移動が無いため，鼻腔に運ばれず，香りの発生はないとされる。

フレーバーリリースとはある意味，香気成分が食品中にあるのか，それを取りまく周辺の空気中にあるかの違い，また，香気成分の食品から口腔の空間へ放散される違いによって，その香りの感じ方に違いが生じ，さらに，それがおいしさにも関係すると考えてられている。

現在，レトロネーザルアロマの研究は，ⅰ）実際にひとが咀嚼，嚥下している時の香気を分析する方法，ⅱ）ひとの口腔内を再現したモデル装置（例えばRASや咀嚼モデル装置など）を使用して分析する方法，ⅲ）分析機器を利用して分離分析した成分を評価する方法（例えば動的ヘッドスペース法など），で行われている。

また，テクスチャーも口腔内での認知（感知）される食品の物理的性質として位置づけられており，味と香りとともに食品のおいしさを決定する要因とされ，化学的な感覚とは違った面において，フレーバーリリースに大きな影響を与えているとされている。

これらの私たちが日頃何気なく行なっている食べる行為を現象面で香りの挙動を解明し，それに味とテクスチャーを絡ませたフレーバーリリースとして，新たな食品開発に活用していくために研究開発が進められている。

鼻腔香気と口腔内香気

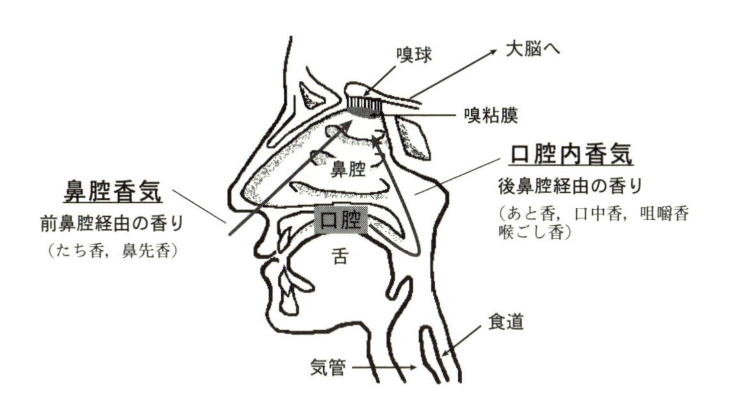

テクスチャーとフレーバーリリースの関係

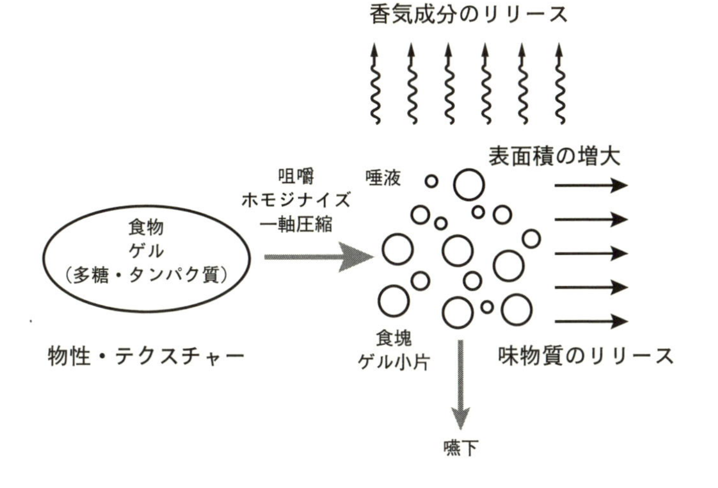

コラム　植物が殺す香り：フィトンチッド（phytoncide）

フィトンチッドとは，樹木などの植物が傷つけられた際に放出する，殺菌力を持つ揮発性物質のことである。フィトン（植物）がチッド（殺す）する意味で，レニングラード大学のトーキン教授が提唱した言葉である。

動物のように動き回ることができない植物は，外敵や微生物から身を守るためや，植物自身にとって有用な生物を誘引するためにフィトンチッドを発散，分泌している。フィトンチッドは，α-ピネンなどのテルペン類の成分が知られている。また植物を相手にする場合もあり，他の植物の成長や発芽を阻害して自身だけを大きく育てるために分泌する。

近年，マツやヒノキといった針葉樹から発散されるフィトンチッドがヒトをリラックスさせる森林の香り成分であることから，健康や癒しとして森林浴が脚光を浴びている。

8

フレグランス

天然香料（動物性香料，植物性香料）を用いた香水は，今や多くは合成香料に置き換わり，過去のトップノート・ミドルノート・ラストノートを組み立てた処方も変わってきている。フレグランス用香料の大半は，植物性香料であり，200 種類以上の植物から多様な香料が，作成されていた。

合成香料が登場し，天然香料で作成されていたフレグランスは，種々の香調の製品が誕生してきた。アンバー・ムスク・サンダル・ウッディ香気を示す化合物，フローラル調の香りをもち，さらに生分解性も考慮した単品や海を連想する香りを有する化合物，ジヒドロジャスモン酸メチル Hedione のようにフローラル調の製品に用いられるものなど，どんな製品にも使用される単品香料が誕生し，新たな香調の製品が開発されてきている。Iso–E–Super・大環状ムスク化合物・脂環式ムスク化合物などを中心にして，変調剤として天然の植物香料を加えるような処方組の香りが開発されている。その結果，従来のトップノート・ミドルノート・ラストノートという調合技術に変化を与えている。

8-1　香りの機能性

香りをかぐことで，種々の効果が見られている。その効果として，アロマコロジー効果，リラックス，睡眠導入，癒し効果，ダイエット効果，美白効果，抗菌効果などが報告されている。それらの香りの機能性ついてまとめる。

(1) プルースト効果

過去に一度でも嗅いだ事のある香りの場合，香りが昔の記憶を呼び戻すことがある。この効果を認知症患者に応用できないかという取り組みがされている。

(2) 認知症改善・アルツハイマー予防効果

ローズマリー，カンファーとレモンの香り，ラベンダーとスイートオレンジの香りを交互に嗅ぐ事でアルツハイマーの症状が軽減されることが報告されている。

(3) 鎮痛効果

サンダルウッド油，ラベンダー油，柑橘系の香り，そのほかモノテルペンアルコールのリナロールなどの匂いに鎮痛効果があると言われている。

(4) 鎮静効果，あるいはリラックス効果

クレオパトラの寝室にはバラの花びらが敷き詰められていたという。バラの香りでリラックスして効果を狙っていたものと考えられる。随伴性陰性変動（CNV: contingent negative variation）という手法により，ジャスミン油は覚醒，ローズ油，ラベンダー油は鎮静効果を示すことが立証されている。

(5) 痩身効果

香りを嗅ぐことで，満腹中枢が刺激されて食欲を抑制し，そのことによって脂肪蓄積を抑えて痩せるという痩身効果が報告されている。グレープフルーツの香り，ラズベリーの香り，サイプレスの香り，中国産のキンモクセイ（桂花）の香りなどが，ダイエット効果につながるとされている。

(6) 美白効果

ラブダナム油中のラブデン酸にはメラニン産生を抑制する効果があり，美白剤としての期待が持たれている。

報告されている精油の効果と種類

効　果	精油の種類
アロマコロジー効果	ラベンダー，ジャスミン，ローズ
リラックス	ラベンダー，ローズ，ジャスミン，
睡眠導入	オレンジ，シダーウッド，ローズウッド， コリアンダー，クラリーセージ
癒し効果，血圧コントロール	ラベンダー，イランイラン，ベルガモット
ダイエット効果	グレープフルーツ
美白効果	ラブダナム
抗菌効果	タイム
鎮痛効果	ベルガモット，レモン，プチグレン，ユーカリ， ローズマリー，ジンジャー，バジル

香料の機能性

主要香料成分	作　用	機能・効果
1,3-Dimethoxy-5-methylbenzene（DMMB）	生理・心理	荒れ肌改善・皮膚バリアー機能回復・ストレス緩和
Cedrol	薬理	睡眠導入
Raspberry ketone	薬理	痩身効果・脂肪分解，吸収抑制，燃焼
Grapefruit oil	薬理・生理・心理	痩身効果・脂肪蓄積抑制
Cypress oil	薬理・心理	痩身効果・ストレス緩和
α-Angelicalactone	薬理・心理・生理	美白効果・チロシナーゼ阻害・ストレス緩和
Labdenoic acid	薬理	美白効果
ℓ-Muscone	薬理・心理・生理	抗老化，ヒアルロン酸合成阻害・女性ホルモン分泌促進
Piperonal（Heliotropin）	心理・生理	ストレス緩和・睡眠促進

8-2　香水における「名香」とは

新たな香料化合物の登場により新たな香調が誕生する。たとえば，ハンガリーウォーターは，エチルアルコールの完成とともに登場した。**4711**は，ドイツで誕生したオーデコロンでありフレッシュなシトラス調（ベルガモット，レモン，オレンジなど）の香りが有効に使用された。女性向けだけでなく男性向けの香調として幅広く活用できる。

フゼア調の香りとは，ウビガン社のフゼアロワイヤルの登場にあるように，ラベンダーを中心にしたナチュラルなハーブの香りに，合成クマリンが使用され爽快感のある香りである。クマリンの化学合成の進歩，その甘さと，ラベンダー油との調和である。

シャネルNo.5は，フローラルノートに加え合成香料の脂肪族アルデヒド（デカナール・ドデカナールなど）がうまく活用された香りで，アルデヒディックという言葉が登場した。発売から100年近くたった今でも世界の香水のベスト5に残るモダンブーケ調の香りと評価される。

香水は，「ファインフレグランス」ともいわれ，差別化されジャンルが分けられているが，ロングセラーになっているものは，「名香」と呼ばれる。たとえば，4711コロン（4711），L'Air Du Tern（Nina Rich），Rive Gauche（Yves San Laurent），Fidji（Guy Laroche），Chanel No. 5（CHANEL），Chanel No. 19（CHANEL），Diorissimo（DIOL）などは名香といわれる。

ブルガリ，クロエ，アリューリュ（CHANEL），フェラガモ，ミラックなどは人気がある。香料の含有量（附香率）は，約20%である。香りのよいものが名香となるわけではなく，一般の消費者に好まれて売れるもの，ロングセラーとなるものが名香である。

最近では，次に記載される香水がポピュラーであり人気が高い。

① **J'adore / C.Dior**：Floral Fruity

繊細でコンプレックスなフローラル感が特徴。透明感のあるグリーン感，明るいフルーティ感，華やかなフローラル感全てがバランス良く組まれている。

② **Light Blue / Dolce & Gabbana（2000）**：Woody Fruity

女性用香水でありながらウッディを大胆に使用した香り。その後の女性用香水にも大きな影響を与えた。

③　**Coco Mademoiselle / Chanel（2001）**：Chypre Fruity

クラシックなシプレ調の香りでありつつも，フルーティトレンドも盛り込んだモダンシプレの香り。センシュアルな雰囲気でありながらフルーティアクセントで可愛らしさも感じるような香り。

④　**La Vie est Belle / Lancome（2012）**：Oriental Fruity

お菓子のようなエディブル感がトレンドとなっていた2010年頃に比べ，香水らしさも兼ね備えたバランスに落ち着いてきた頃の香水。イリス・ウッディなどの要素が上品さにもつながっている。華やかなフロリエンタル調にプラリネなどのエディブルアクセントがついた香り。日本ではChloe eau de parfum / Chloe（2008）Floral Rose Violetの人気が高い。ローズなどのフローラル，ウッディ，アンバーのコンビネーションが絶妙で，清潔感があり日本では非常に人気がある。

男性用では，アンバー，バニラ，スパイシーなどのバランスが絶妙で，金の延べ棒をモチーフにしたボトルデザインもセンセーショナルな話題を奪ったといわれるOne Million / Paco Rabanne（2008）（Fougere Oriental），あるいは，アロマティックフゼアを基調にコンプレックス，綺麗なウッディ感を合わせ，シトラス・スパイシーでほのかにアクセントをつけた香りのBleu de Chanel / Chanel（2010）：Fougere Aromaticなどがあげられる。

なお，名香については，これまでに種々の文献にも記載されているので，そちらを参照されたい。

8-3　フレグランス製品と香り

フレグランス製品の香りの多くは，香水の香りが“転用”される。市販されている人気のある香水を手本にしてそのよいところを参考にして開発・調合されるケースが多い。

フレグランス製品には，香水のようなファインフレグランス，アルコール主体のオーデコロン，オードパルファンのほかに，身体の洗浄や毛髪の洗浄など洗い流してしまうものがある。直接皮膚に触れている時間の長い製品は，医薬部外品として扱われる。例えば，染色剤，入浴剤などである。染毛剤，ボディーソープなどのパーソナルケア製品，シャンプー・コンディショナーのようなヘアーケア製品，ボディーケア製品，洗剤や柔軟剤のようなファブリックケア製品，オーラルケア（歯磨き），部屋用，トイレ用芳香剤，雑貨などがある。

最近の傾向として，単品合成香料を核として，それに数種の香りを加えて作成するという手法で開発された香水などもあるので，それらの香りの良いところを参考にする傾向もある。(8-4 で示すトップ・ミドル・ラストノートを組み合わせるという方法とは異なる。p. 103 参照)

フレグランス製品

- ファインフレグランス
- パーソナルケア
- ヘアーケア
  - 染毛剤（医薬部外品），シャンプー，コンディショナー
- ボディーケア
- ファブリックケア
- オーラルケア（歯みがき）
- 入浴剤
- 芳香剤
- 雑貨

香水の処方例

トップノート・ミドルノート・ラストノートという考え方以外の調合法の例
合成単品で骨組みを作成

エタニティ（カルバンクライン）	トレゾア（ランコム）	アマリージュ（ジバンシー）	カシミーア（ショパール）	デューン（ディオール）
安息香酸ベンジル イソイースーパー ～25% リリアール ～11% リラール リナロール ターピネオール オイゲノール β-イオノン ヘリオトリピン ガラクソリド	ヘディオン 9% イソイースーパー 16% ガラクソリド 22% β-イオノン 16～60% ミュゲ・バイオレット ヘリオ バニラ	ヘディオン 安息香酸ベンジル イソイースーパー トリモフィックス	ヘディオン ガラクソリド ～50% エチレンブラシレート イソイースーパー ベルトフィックス バニリン 14～80%	ヘディオン ガラクソリド ～50% ローズ ジャスミン バニリン

特徴：ヘディオン，イソ・イー・スーパー，ガラクソリドなどで骨組みを作成しここに天然原料を加えている
ベルトフィックス，トリモフィックス：ウッディ調の香り

8-4　香粧品香料の香りの構成

香りの構成は，トップノート，ミドルノート，ベースノート（ラストノートともいう）からなりたっている。

(1) トップノート

最初に香る部分であり，揮発性が高い。匂い紙につけてから5〜10分くらいで飛んでしまう香りである。香調としては，シトラス，アルデヒド，フルーティである。柑橘系シトラス（オレンジ，グレープフルーツ，ライム，レモン，ベルガモット，マンダリン）の精油やラベンダーなどが使用される。トップノートに寄与する精油は，柑橘（シトラス）類，ラベンダー，ローズマリー，ペパーミント，ユーカリ，コリアンダー，ガルバナムなどである。

(2) ミドルノート

匂い紙につけてから30分から2時間くらい香る香りのボディ・メインの部分でバランスよく香ることが特徴である。ローズ，ネロリ，ゼラニウム，カモミール，イランイラン，タイム，クローブ，シナモンなどの精油が主に使用される。このようにミドルノートでは，フローラル，グリーン，ハーバル調の香りを有しているものが多い。ローズやジャスミンには，ゲラニオール，酢酸ベンジル，インドールなどが含まれている。

(3) ベースノート

匂い紙につけてから2時間以上も香るものであり，残香性の高い香りで，たとえば体臭をカバーする香りである。香調としては，ウッディ，アンバー，バルサニック，ムスクというものが多い。アンバー系の香料，シダーウッド系の香料，ムスク類，サンダル系の香料，パチュリ油，ベチバー油などが主に使用される。

香粧品香料の組み立てと香調

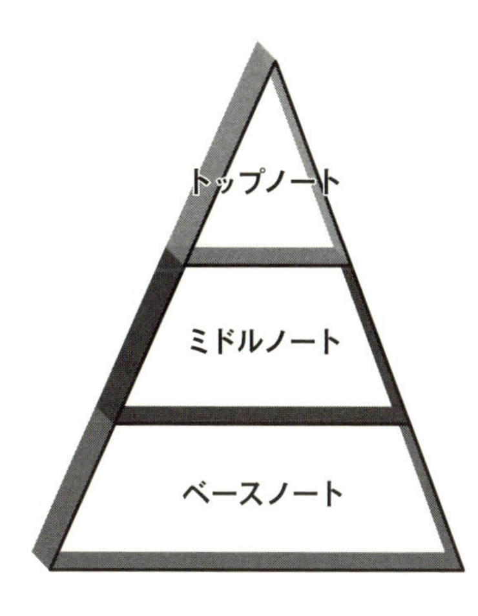

香水の構成と処方の一例（レールデュターンタイプ）

トップ 15～25％
ミドル 30～40％
ベース 45～55％

		（%）
トップ	ベルガモット油	4
	リナロール	10
	リナリルアセテート	—
	ウンデシレニックアルデヒド C11,	0.1
ミドル	ジャスミンアブソリュート	7
	ローズアブソリュート	1
	フェニルエチルアルコール	—
	ターピネオール	2
	スチラリルアセテート	1
	ヒドロキシシトロネラール	10
	イランイラン	4
	イソオイゲノール	2
ベース	安息香酸ベンジル	20
	バニリン	微量
	オイゲノール	3
	ヘリオトロピン	微量
	メチルイオノン	10
	サンダルケミカル	3
	ムスク	10

8-4-1　トップノートの匂いの嗅ぎ分け

オレンジ，レモン，グレープフルーツ，ベルガモットなどの柑橘系精油は，リモネンが主要成分であり，特徴的な成分としては，レモンでは，シトラールが，グレープフルーツには，ヌートカトンの含有量が高いのが特徴である。

スウィートオレンジ（バレンシア）は，リモネンを主成分にわずかの脂肪族アルデヒドC-8～C-10および微量のシトラールを含有する。ビターオレンジとの相違点は，微量のシトロネラールを含有している点があげられる。

ビターオレンジは，スウィートオレンジと同様の香気成分であり，微量のネロリドールを含有する。ヌートカトンの比率が若干高いために，全体的にややビターな香気である。

ベルガモットは，オレンジ類に比べ相対的にリモネンが少なく，γ-ターピネンが多い。リナリルアセテート，リナロールの量が非常に多く，他の柑橘と大きく異なる。フローラル感の強い香りの印象となる。

グレープフルーツ（ホワイト）は，スウィートオレンジ，和柑橘類と類似の構成成分であるが，ヌートカトンの含有量が多く，これが独特のビター感に影響している。

レモンは，β-ピネンとシトラールの含有量が高い，フレッシュでインパクトのある明るい香りである。

ライムは，β-ピネン，γ-ターピネン，シトラールが特徴的な構成成分であり，独特のビターな印象を引き出している。また，α-ターピネオールやクマリンを含有し，他の柑橘にない特徴となっている。

香粧品香料・トップノート

最初に香る部分
揮発性が高い
匂い紙につけてから 5〜10 分

ベルガモット，レモン，ラベンダー
Limonene，Linalool
Linalyl acetate, α-Terpineol
Terpinyl acetate，Octanal

シトラス
アルデヒド
フルーティ

8-4-2 ミドルノートの嗅ぎ分け

ミドルノートによく使用される精油は，ローズ油，イランイラン油，ジャスミン油などであるがそれぞれの特徴成分を記載する。

ローズ精油は，やや芋臭い香を有しているが，*l*-シトロネロール，ネロール，ゲラニオールやβ-フェネチルアルコールが主としてその香調を代表するものである。一方，モダンローズ（現代バラ）の香りは，このローズ油とはかなり香調が異なるものが多い。

イランイラン油は，*p*-クレジルメチルエーテルやメチルベンゾエートの香りが強い。トップにこの2成分を強く感じる精油である

オレンジフラワーは，メチルアンスラニレートやインドールなどの含窒素化合物を含む，またジャスミンは，インドールやジャスミンラクトン，メチルジャスモネートを含んでいる。それぞれ，フローラルノートを有し，多くの調合香料に用いられる。オレンジフラワー中のアンスラニル酸メチルはフレーバーでは，グレープの香りとして使用される。インドールは，濃い状態では，尿や糞便臭気を有するものであるが希釈した状態では非常にフローラルな香りとなる。

香粧品香料・ミドルノート

匂い紙につけてから30分から2時間
香りのメイン部分
バランスよく香る

バラ，ジャスミン
Citronellol，Nerol，Geraniol
Hydroxycitronellal, Citral
Ionone（α-, β-），Methyl ionone

フローラル
グリーン
ハーバル

フローラルノートとして使用される代表的な花と主要香気成分

花	主な匂い
ローズ (Rose)	β-フェニルエチルチルアルコール，シトロネロール，β-ダマスコン β-Phenylethyl alcohol, Citronellol, β-Damascone
ジャスミン (Jasmine)	ジヒドロジャスミン酸メチル，酢酸ベンジル，インドール Hedione（Methyl dihydrojasmonate), Benzyl acetate, Indole
オレンジフラワー (Orange Flower)	アントラニル酸メチル，β-メチルナフチルエーテル Methyl anthranilate, β-Methyl naphthyl ether
カーネーション (Carnation)	イソオイゲノール，オイゲノール Iso-eugenol, Eugenol
ライラック (Lilac)	シンナミルアルコール，α-ターピネオール，酢酸シンナミル Cinnamic alcohol, α-Terpineol, Cinnamyl acetate
スズラン (Lily of the Valley)	ヒドロキシシトロネラール，リリアール®，シクラメンアルデヒド Hydroxycitronellal, Lilial, Cyclamen aldehyde

8-4-3 ベースノートの嗅ぎ分け

香粧品香料のベースノートへの寄与度が高い精油の代表例は，セスキテルペン炭化水素や特異的なセスキテルペンアルコールを比較的多く含むシダーウッド油，パチュリ油，サンダルウッド油，ベチバー油である。

ベースノートに使用される素材は，動物性香料に通じるものがある。すなわちアンバー・ムスク・ウッディなどの香気で表される香りである。精油ではベチバー油，パチュリ油である。

(1) ムスク

ムスク様香気を有するものの中でムスコンは，ジャコウジカに由来する香りで優しさや柔らかさを表現するうえで欠くことのできない素材であり，香りを持続させる保留効果の高い素材が多い。ムスコン以外にもムスク様香気を有するアンブレットライド，エチレンブラシレート，ムスクケトン，ガラクソリド，トナリド，ムスセノン，ヘルベットリドなどのムスク様香気を示す多くの合成ムスク類が使用されている。

(2) アンバーノート

アンバーとは，天然由来のアンバーグリスを語源としている。現在では，天然のアンバーの香りを再現するアンブロックス（アンブロキサン）が広く用いられている。そのほか，カラナールやティンベロールなどの合成香料が使用されている。

(3) ウッディノート

シダーウッドやサンダルウッドのような木の香りを表す。高級な香水にはベチバー香（イネ科の植物）やシプレータイプの香料には欠くことのできないパチュリ油と同様に非常に重要度が高い。セドリルアセテート，セドランバー（セドリルメチルエーテル），イソ–イー–スーパーなどが代表的である。

香粧品香料・ベースノート

匂い紙につけてから2時間以上
残香性の高い香り
体臭をカバーする香り

Acetyl cedrene ムスク化合物
Cedryl acetate
Ambrox（アンバー香気）
Iso-E-Super（ウッディ）
Vetiveryl acetate

ウッディ
アンバー
バルサミック
ムスク

ベースノート

①ムスク類

ムスクノートの合成香料

分　類	主な化合物	匂いの特徴
マクロサイクリックムスク（大環状）	ムスコン ペンタデカノリド アンブレットライド ペンタデカノリド	ジャコウ中の *l*-Muscone に代表される
ポリサイクリックムスク（多環式）	ガラクソリド トナリド	安定性の高い汎用性の高いムスクであり，多環式ムスクともいう
脂環式ムスク	ヘルベットリド	
ニトロムスク	ムスクケトン	ニトロ基を有するムスクであり，力強さのあるムスク

②アンバー Amber

アンブロックス Ambrox, アンブロキサン Ambroxane
カラナール（Karanal）

③ウッディ Woddy

i）イソ-イー-スーパー（Iso-E-Super®）に代表される

ii）ベチバー油　精油の価格高騰とともに使用量が激減している。ベチバー様の泥臭い香りの合成香料は，あまりない

iii）パチュリ油　これに代わるような合成香料はない

8-5　香粧品香料の代表的な香調

香調に関しては，下記のように表現する。

①　**シトラスノート**　　トップノートに貢献するオレンジ・ベルガモット・レモンなどの柑橘系の香りが主である。

②　**グリーン**　　葉や茎をちぎった時に感じる青臭い匂いのグリーンノートを特徴とする。

③　**フルーティ**　　ピーチ，アップル，カシスのような，フルーツのジューシーな香りを強調したフルーティーノートを特徴とする。

④　**フローラル**　　ローズ，ジャスミン，イランイラン，ミモザなどの花の香りが主体となっている。一種類の花のにおいで作成されたものをシングルフローラルと表現する。水仙，ローズ，チュベローズなどはこの範疇である。

⑤　**オリエンタル**　　スパイスやアニマリックな香りであり，中近東を連想する香りである。ベチバー油やサンダルウッド油のような木様の香りや樹脂用の香り，さらにバニラの甘さのある香調であり，ここにシトラールとスパイスの香りが加わっている。アンバータイプのものとスパイスタイプのものがある。一時期，オピウム（Opium YSL 社）という香水が流行となった。

⑥　**ウッディノート・木様**　　サンダルウッド，ベチバー，パチュリの落ち着いた香りである。

⑦　**シプレ調**　　コティー社のシプレを模倣した香りの系統である。柑橘の香りとオークモスの香りにウッディ香気の香りがミックスされた香調である。また，パチュリやベチバーの香りを加えて作成されている。

⑧　**フゼア調**　　リナロールやリナリルアセテートを多く含むラベンダー油の香りに化学合成されたクマリンが加わった香りが基本である。ここにパチュリ，スパイス類，サリチル酸エステル類を加えた香調である。

⑨　**マリン調**　　海藻（sea weed）や合成香料のキャロン Calone® を使用した海や空を連想イメージする香りである。Calone® の類縁化合物は，海を連想させる香気を有し，これを用いた香料はマリーンノートと呼ばれる。

香調分類

シトラス	オレンジ，ベルガモット，レモンなどの柑橘系の香りが主
グリーン	葉や茎をちぎった時に感じる青臭いにおい
フルーティ	アップル，カシスのようなフルーツのジューシーな香り
フローラル	ローズ，ジャスミン，イランイラン，ミモザなどの花の香りが主体となっている
オリエンタル	スパイスやアニマリックな香りであり，中近東を連想する香りである
ウッディ	サンダルウッド，ベチバー，パチュリの落ち着いた香りである
シプレ	コティー社のシプレーに代表される香りで柑橘（ベルガモット）にアンバーおよびオークモスの香りで表現される
フゼア	ラベンダーにクマリンが加わった香り
マリン	海や空を連想する香り

香水の香調による分類例

シプレー調 グリーンタイプ	シプレー調 フルーティータイプ	シプレー調 アニマルタイプ
クリスタル（シャネル） オウドランコム（ランコム） ディオレラ（クリスチャンディオール） アリアージュ（エステーローダー）	シプレ（コティ） ミツコ（ゲラン） ミスディオール（ディオール） インチメート（レブロン） イグレッサ（イブサンローラン）	スキャンダル（ランヴァン） マグリフ（カルバンクライン） カボシャール（グレ） コリアンダー（クチュリエ） パロマピカソ（パロマピカソ）

オリエンタル調 アンバータイプ	オリエンタル調 スパイスタイプ	フローラル調 グリーンフローラルタイプ
ジャッキー（ゲラン） エメロード（コティ） ウンガロ（ウンガロ） マストデュカルチェ（カルチェ） ジョーブ（ジョーブ） ポエム（ランコム）	ナルシスノアール（キャロン） タブー（ダナ） ユースデュウ（エステーローダー） オピウム（イヴサンローラン） デューン（クリスチャンディオール） ココ（シャネル）	アマゾン（エルメス） シャネル No19（シャネル） オードジバンシー（ジバンシー） ビューティフル（エステーローダー） エスケープ（カルバンクライン） クオーツ（モリニュー）

フローラル調 フローラルタイプ	フローラル調 アルデヒディックフローラルタイプ	フローラル調 フロリエンタルタイプ
レール・デュ・ターン（ニナリッチ） ディオリシモ（クリスチャンディオール） フィージー（ギーラロッシュ） ジョイ（ジャンパトウー） クロエ（ラガーフェルド） アマリージュ（ジバンシー）	ミツコ（ゲラン） ミスディオール（ディオール） シプレ（コティ） イグレッサ（イブサンローラン） シャネル No.5（シャネル）	カノエ（ダナ） オスカーデランタ ヴァンデルフィルト（ヴァンデルフィルト） プアゾン（ディオール） ブルーグラス（アーデン）

使用頻度の高い香料の分類

(1) 天然香料の分類

トップノート	Top note	ミドルノート	Middle note	ベースノート	Base note
ベルガモット	Bergamot	ローズ	Rose	ローズ abs.	Rose abs.
オレンジ	Orange	ゼラニウム	Geranium	ジャスミン abs.	Jasmine abs.
レモン	Lemon	カモミール	Chamomile	サンダルウッド	Sandalwood
ローズマリー	Rosemary	イランイラン	Ylang Ylang	オレンジフラワー abs.	Orange flower abs.
ラベンダー	Lavender	クローブ	Clove	オークモス abs.	Oakmoss abs.
ユーカリ	Eucalyptus	タイム	Thyme	パチュリ	Patchouli
ペパーミント	Peppermint	シナモン	Cinnamon	ベチバー	Vetiver
ライム	Lime			シダーウッド	Cederwood
プチグレン	Petitgrain				
マンダリン	Mandarin				
コリアンダー	Coriander				
マージョラム	Marjoram				
ガルバナム	Galbanum			abs, アブソリュート	

(2) 合成香料の分類

トップノート	Top note	ミドルノート	Middle note	ベースノート	Base note
リモネン	Limonene	ターピネオール	Terpineol	シス―ジャスモン	*cis*–Jasmone
カンファー	Camphor	ゲラニオール	Geraniol	イオノン	Ionone
オクタナール	Octanal	シトロネロール	Citronellol	ファルネソール	Farnesol
酢酸リナリル	Linalyl acetate	酢酸ゲラニル	Geranyl acetate	メチルイオノン	Methyl ionone
ローズオキシド	Rose oxide	酢酸シトロネリル	Citronellyl acetate	バニリン	Vanillin
リナロール	Linalool	シトラール	Citral	クマリン	Coumarin
		オイゲノール	Eugenol	ヘリオトロピン	Heliotropin
		ヘディオン	Hedione	イソー・イー・スーパー	Iso-E-Super
		フェニルエチルアルコール	Phenyl ethyl alcohol	リラール	Lyral
				アンブロックス	Ambrox
				ムスク類	Musks

9

合成香料

各種合成香料が登場し，従来天然香料を中心にして作成されていたフレグランスは，各種香調の製品が開発されてきた。

炭化水素，アルコール類，エーテル類，カルボニル化合物（アルデヒド類・ケトン類・酸類・エステル類・ラクトン類）など多くの合成香料が有機化学合成もしくは生化学的製法によって製造されてきた。フレーバーは基本的に天然に存在するものが使用されるが，フレグランスでは，天然に存在しなくとも安全性，安定性の高いものであれば，使用が可能である。

日本では，食品衛生法・化審法・薬機法（旧薬事法）などの法律に順守した各種原料を香料に使用している。

9–1　炭化水素 hydrocarbon

C_nH_{2n+2} で表わされる。炭素からなる骨格と水素からなる化合物で，香気物質としてはシトラス類に多く含まれている。水より軽く（ヘキサンの比重は0.6594），水には溶けない。そのため飲料など水系のものに添加すると油滴になって浮いてしまい，溶け込まないので取り扱いには工夫がいる。単結合のみからなる炭化水素はアルカン alkane，炭素–炭素二重結合をもつものをアルケン alkene，三重結合をもつものをアルキン alkyne と呼ぶ。IUPAC 命名法でアルカンの語尾はアン（-ane），アルケンはエン（-ene），アルキンはイン（-yne）。

石油も炭化水素で構成されている。香料としてはモノテルペン類，セスキテルペン類などが主として使用あるいは他の化合物へ変換される。

(1)　リモネン

柑橘系の精油に主成分として含まれるリモネンは，(*R*)–(＋) 体であり *d*–リモネンとも呼ばれる。一方，ミント系の精油に含まれるリモネンは，(*S*)–(－)–体が多く，*l*–リモネンともよばれる。それらは，鏡像体の関係にある（光学異性体）。フレーバー，フレグランスともに単離することなくオレンジ油，レモン油，グレープフルーツ油，マンダリン油およびベルガモット油のままで使用される（リモネン以外は，単離して使用されるよりもそれらを含む精油として用いられる）。

(2)　ウンデカトリエン

炭素数 11 で分子内に 3 つの二重結合を有するグリーン香気を示すガルバナム油の特徴成分である。この化合物は，単離せずに精油をそのまま用いる。

(3)　セスキテルペン類

カリオフィレン，ロンギフォーレン，エレメン，セドレン，ファルネセンなどは分離して使用されることもあったが，それらを含む精油として用いられる。または，これらのセスキテルペン類は，他の合成香料の出発原料として使用される。

炭化水素類の構造式

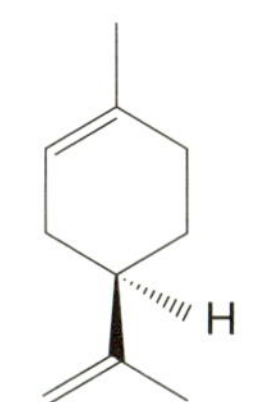

(*R*)-(+)-Limonene
(*d*-Limonene)

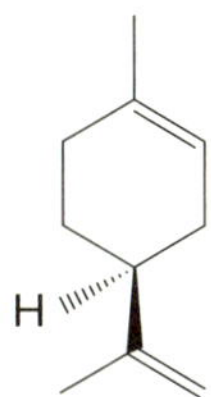

(*S*)-(−)-Limonene
(*l*-Limonene)

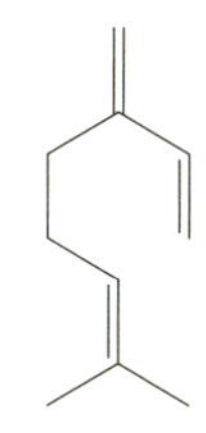

Myrcene

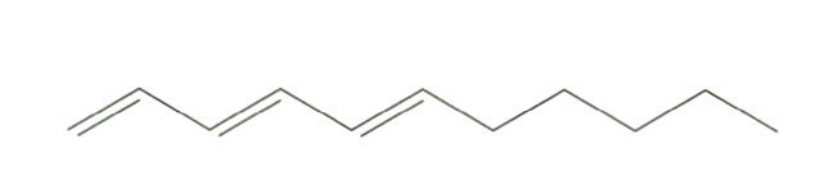

1, 3, 5-Undecatriene

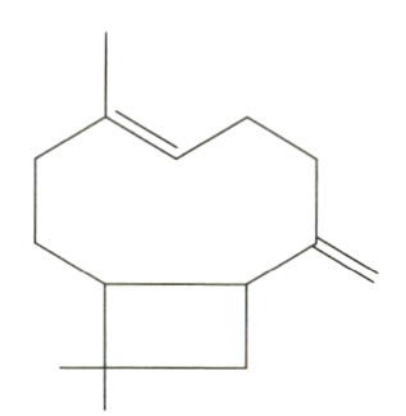

Caryophyllene

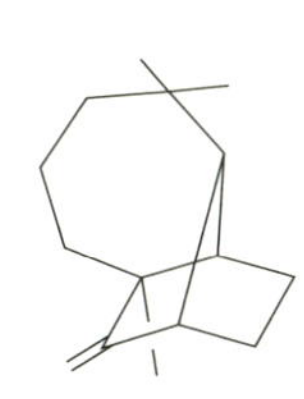

Longifolene

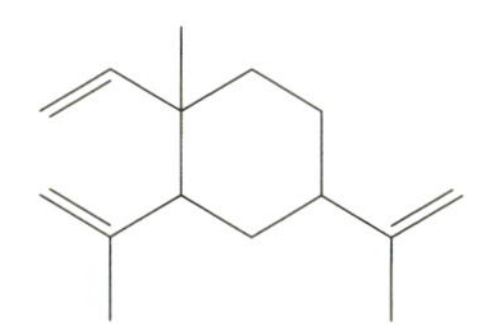

β-Elemene

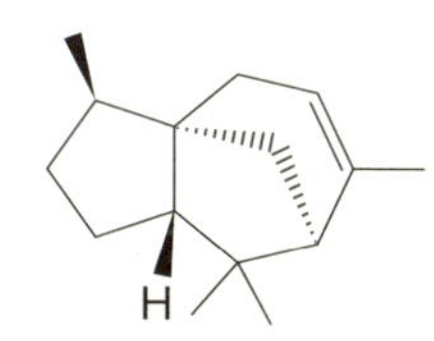

α-Cedrene

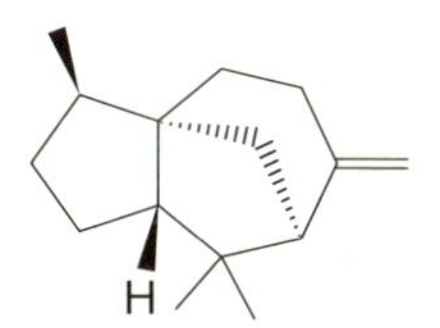

β-Cedrene

Cedrene

9-2　アルコール類

$C_nH_{2n+1}OH$ で表せる。ヒドロキシ基 -OH を有している。エタノールの示性式は C_2H_5OH である。アルコールは水によく溶けるが，炭素数が多くなるにしたがい溶けにくくなる。鎖状，環状炭化水素類と芳香環とを比べると芳香環の方が水との親和性が出てくるので親水性が強まる。例えばフェニルエチルアルコールは水に溶け込みやすい。IUPAC 命名法では語尾がオール（-ol）。

使用頻度の高い脂肪族アルコールは，シス-3-ヘキセノール，トランス-2-ヘキセノール，1-オクテン-3-オールがある。

モノテルペンアルコールは炭素数 10 のイソプレンユニットからなるアルコール類で，リナロール，ネロール，ゲラニオール，シトロネロールなどがある。

リナロールは，バラ，ジャスミン，イランイラン，ネロリ，ゼラニウム，ラベンダーなどに広く存在する。これらのアルコール類は，フローラルな香りで多くの調合香料に使用される。

ネロールとゲラニオールは，二重結合の幾何異性体で，ネロールはシス，ゲラニオールはトランス体である。苔中には，ネロールが多く含まれバラ様のネロリやモクレンを思わせる匂いである。ゲラニオールは，甘くバラを連想させるフローラルでややシトラス様の香りを示している。ネロールはバラやネロリ，苔中に，ゲラニオールはゼラニウム，バラ，ネロリに含まれる。

シトロネロールは，ゼラニウム，バラ，シトロネラ油に含まれる。2 つの光学異性体が存在し，(+)-体は，バラ様のフローラルな香りを示し同時にやや脂っぽさを感じさせるシトロネラ油中には（+)-体が多い。一方，(−)-体は，ロジノールとも呼ばれゼラニウムを思わせるバラ様の優雅な香りがする。バラやゼラニウム中には（−)-体が多く存在する。

そのほか，α-ターピネオール，ジヒドロミルセノール，*l*-メントール，イソプレゴールがある。セスキテルペンでは，ネロリドール，ファルネソール，セドロール，パチュリアルコールなどである。

芳香族アルコールでは，アニスアルコール，ベンジルアルコール，フェニルエチルアルコール，シンナミックアルコールなどが使用される。

アルコール類の構造式

OH　OH　OH

cis-3-Hexenol　*trans*-2-Hexenol　1-Octen-3-ol

■テルペンアルコール類

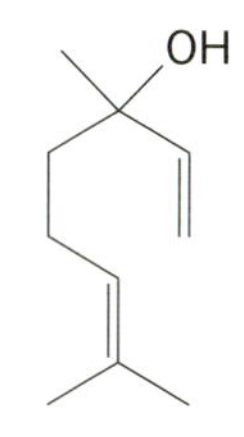

Linalool

OH

Nerol

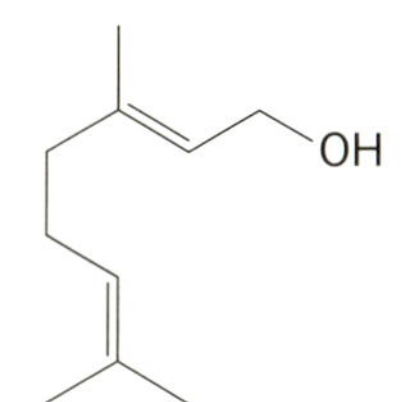

Geraniol

OH　OH　OH

Citronellol　α-Terpineol　*l*-Menthol

■セスキテルペンアルコール類

OH

Nerolidol

OH

Farnesol

9-3 アルデヒド

アルデヒドは，カルボニル基を有し反応性が高いが安定性が低く，脂肪族アルデヒド・テルペン系アルデヒド・芳香族アルデヒドがある。脂肪族アルデヒドは，炭素数6から12くらいのものが主として使用される。また，不飽和度は1〜2のもので，分子内にオレフィンを1〜2含むものが多く使用される。脂肪族飽和アルデヒドでは，ヘキサナール，ヘプタナール，オクタナール，ノナナール，デカナール，ウンデカナール，メチルウンデカナールなど，また，不飽和アルデヒドにはヘキセナール，ノナジエナール，デカジエナールなどが使用される。また，テルペン系のアルデヒドでは，ビタミンの中間体でもあるシトラール（ネラール，ゲラニアール），シトロネラール，ジヒドロシトロネラール，テトラヒドロシトロネラール（ジメチルオクタナール）などが主に使用される。フレーバーでは，小さい分子のアルデヒドも使用される。

光学活性なシトロネラールは，バラ油やシトロネラ油中に存在するものと平面構造は同じである。ゼラニウム油やローズ油中のシトロネラールは，(*S*)-(−)-体のエナンチオマーがほぼ100%を占めており（*R*)-体はほとんど検出されないが，シトロネラ油中のシトロネラールは，20 : 80くらいの比率で（*R*)-体の含有量が多い。バラ油より単離されたシトロネラールの香りは，(*S*)-体の方がややクリーンである。(*S*)-体はパワフルな新鮮な明るいクリーンなニオイであるが，(*R*)-体はそのフレッシュさにやや欠ける。

一方，芳香族アルデヒドとしては，ベンズアルデヒド，フェニルアセトアルデヒド，アニスアルデヒド，シンナミックアルデヒド，バニリンなどが使用される。そのほか，シンナミックアルデヒド，ベンズアデヒドと炭素数7あるいは8からアルドール縮合して得られる α-アミルシンナミックアルデヒドや α-ヘキシルシンナミックアルデヒドが主として使用される。

アルデヒド類の構造式

■ 脂肪族アルデヒド

Heptanal

trans-2-Hexenal

■ テルペンアルデヒド類

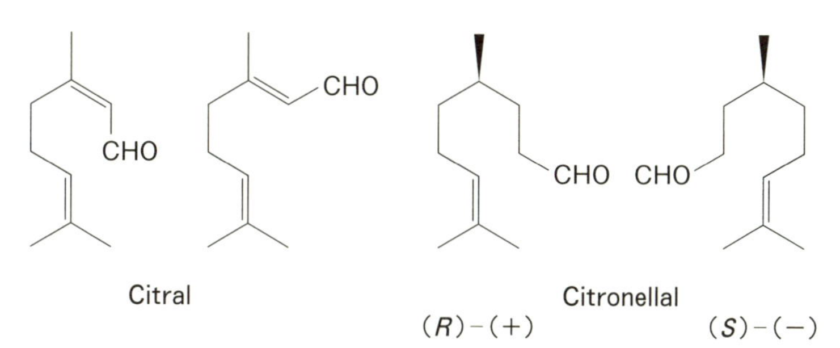

Citral

Citronellal

(*R*)-(+)　　(*S*)-(−)

■ 芳香族アルデヒド類

Benzaldehyde

Phenylacetaldehyde

Cinnamic aldehyde

α-Amylcinnamic aldehyde

α-Hexylcinnamic aldehyde

9-4　ケトン類

カルボニル基　>C=O　を有しているカルボニル化合物のうち，カルボニル基のうちで2つの炭素官能基に結合したもの。一般式RCOR′。一番簡単な構造はアセトンCH_3COCH_3である。IUPAC命名法ではアルカンの最後の-eをノン（-one）に変える。

ケトン類は，メチルケトンといわれる脂肪族ケトンのアルキル-2-オンが，チーズフレーバーにはよく使用される。

モノテルペンケトンでは，カンファー，プレゴン，カルボンなどがある。カルボンは，スペアーミント香気の有する（*S*)-(−）体がスペアーミント臭を示すが，キャラウェイ中に存在する（*R*）体は，清涼感がない。また，これらの香気に対する効果効能なども報告されている。

セスキテルペンケトンではセドリルメチルケトン，イソロンギフォーレンケトンがあり，フレグランスによく使用される。

ヌートカトンは柑橘の中でも特にグレープフルーツに多く存在するが，水中における閾値は0.8 mg/kgと非常に重要な化合物である。バレンセンから微生物による生化学的方法により変換によって合成できる（11章参照)。

イオノン類は，シトラールから合成され，二重結合の位置の異なるα-，β-，γ-という3種類の異性体が存在するが，一般的にはα-およびβ-イオノンの混合物として使用される。イオノン類は，シダーウッド様の香気を有し希釈するとスミレの花様香気を示す。このうち，α-イオノンには（*R*)-(+)-体と（*S*)-(−)-体が存在し，ベリー，茶，たばこ様香料などに使用されている。

また，イオノン類は，カロテノイドから生成すると考えられており，メチルイオノン，ダマスコンなどの合成の出発原料としても用いられる。ダマスコンやダマセノンは，バラやストローベリー，ラズベリーなどのベリー類中に存在する微量成分であるが香気貢献度が高い化合物であるため香粧品様香料の調合には有効に利用されている。

ラズベリーケトンは，フェノール性化合物の1つであるがベリー様の香気を示し，フレーバーやフレグランスに使用される。

ケトン類の構造式

Methyl ketone

(*S*)-(−)-Carvone

■ケトン類

Camphor

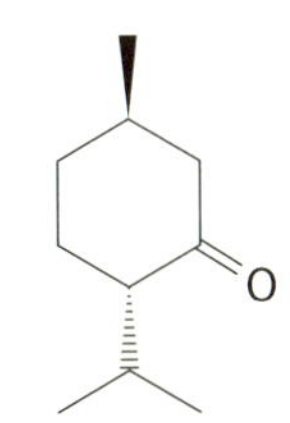

l-Menthone

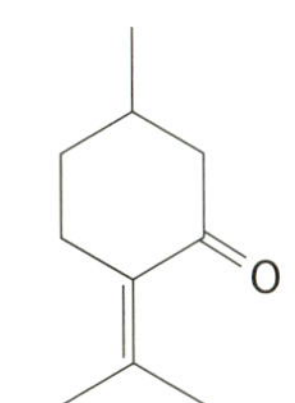

Pulegone

Raspberry ketone

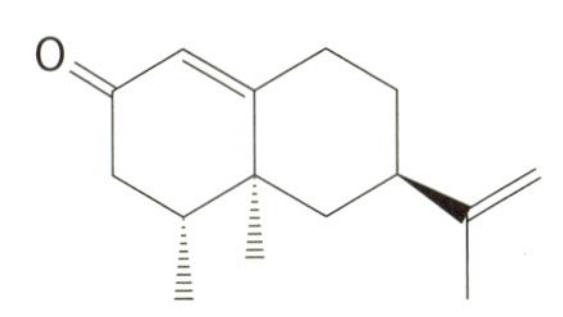

Nootkatone

■イオノン類

β-Ionone

α-Ionone

Methyl Ionone
（R_1, R_2, R_3 のいずれか一つがメチル基，そのほかは水素）

9-5　エーテル類

炭素間に酸素原子 O を有している。エーテルの酸素は水分子と水素結合できるのでジメチルエーテルは水溶性であるが，ジエチルエーテルは若干は水に溶けるが不溶性が高まる。炭素鎖が大きいと水に不溶になる。香料のエーテル類は水に不溶である。命名法としては 2 つの有機基の名前にエーテル（ether）をつなげる。例えば CH_3–O–CH_2CH_3 はエチルメチルエーテル。–OR はアルコキシ基といい，–OCH_3 はメトキシ基である。

ユーカリ油中には，1,8–シネオールが主成分として含まれている。スピロ環構造を有するテアスピランは，バラやキンモクセイ（金木犀）などの香気成分として知られているが，この化合物は，フレーバーでは緑茶や紅茶の香気としても重要である。

セドロールから誘導されるセドロールメチルエーテル（セドランバー Cedramber IFF 商品名）が調製される。ジテルペンの（+）–マヌール，（−）–スクラレオールや（−）–ラブダン酸からは，ベースノートの中でも非常に重要なアンバー香気を有するアンブロックス（Ambrox）が調製された。

芳香族では，フェノール性水酸基がエーテル化されたアネトール，パラクレシルメチルエーテルなどがある。

また，2–ナフトール（β–Naphthol）のメチルエーテルやエチルエーテルは石ケンや洗剤などに使用される。

エーテル類の構造式

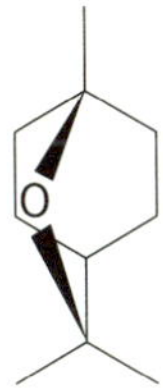

1, 8−Cineole

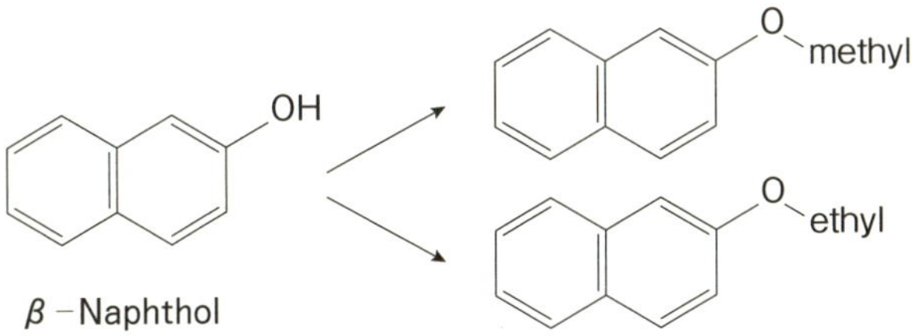

β−Naphthol

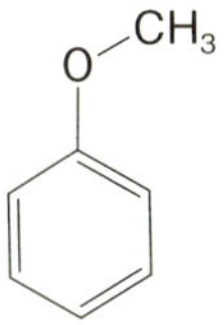

O methyl

O ethyl

Anisole

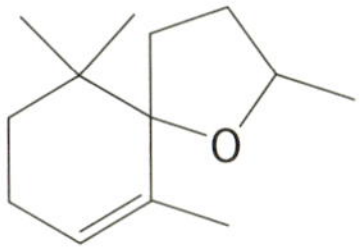

Theaspirane

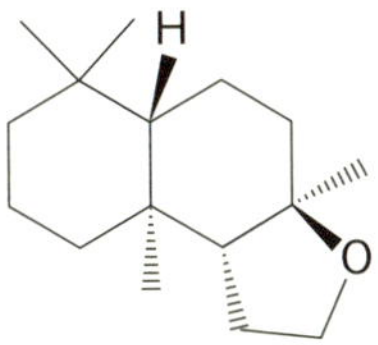

Ambrox®

9-6 カルボン酸類

カルボニル炭素原子に結合した–OH基を有している。カルボキシ基–COOHを有する化合物ともいえる。一般式RCOOH。鎖状モノカルボン酸を脂肪酸ともいう。カルボン酸は水中で一部が解離してH^+を出すので酸といわれる。アルコールが酸化されてアルデヒドになり，アルデヒドが酸化されるとカルボン酸になる。炭素数4以下のものは水溶性である。

IUPAC命名法ではアルカンの語尾に一酸を付ける。英語名で–eを–oic acidとする。プロパン（propane）はプロパノイックアシッド（慣用名プロピオン酸）。

酸類は，フルーツや種々の精油中に存在するが，フレーバーでは，炭素数4～6の飽和脂肪族カルボン酸（酪酸，イソ吉草酸，吉草酸，カプロン酸など）がよく使用される。フレグランスでは，酸をそのまま使用することはまれである。

酸類の構造式

■ カルボン酸

CH_3COOH Acetic acid

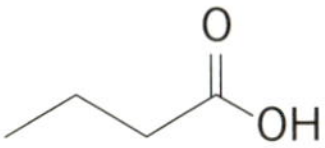

Butyric acid

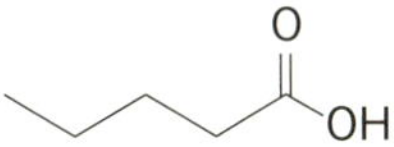

Benzoic acid

Pentanoic acid

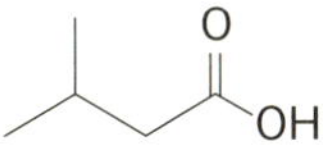

Isopentanoic acid

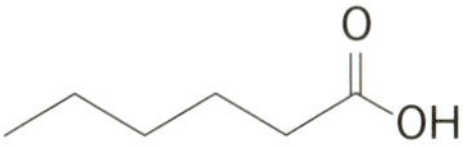

Phenylacetic acid

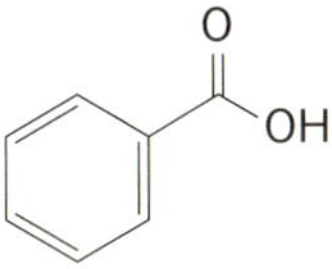

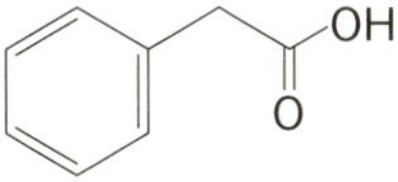

Hexanoic acid

■ テルペン系のカルボン酸

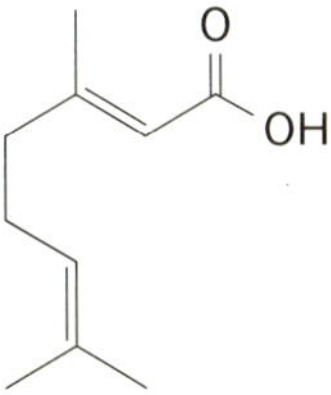

Geranoic acid

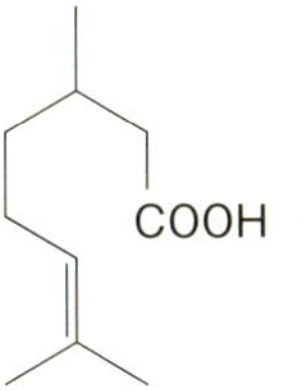

Citronellic acid

9-7　エステル類

エステルはカルボン酸とアルコールの混合物に，酸触媒存在下で脱水縮合して生成する。酸の OH とアルコールの H から水ができる。果物の熟成中に起こる反応でもあり，熟すとエステル臭が強まる。一般式では RCOOR' と書く。

$$RCOOH + R'OH \longrightarrow RCOOR' + H_2O$$

IUPAC 命名法ではカルボン酸の語尾 -ic acid を -ate に変える。

酢酸エステルやカルボン酸メチルあるいはエチルエステルなどの使用量が多い。たとえば，フレーバーでは，種々の炭素数の少ない飽和カルボン酸とアルコールから形成されたエステルが多く用いられるがトータル炭素の数はおおむね 6～12 程度である。例えば，エチルアセテート，エチルブチレート，エチルカプロエート（エチルヘキサノエート）など，酢酸エステルの例としては，リナリルアセテート，ゲラニルアセテート，ブチルアセテート，シトロネリルアセテート，ベンジルアセテート，フェネチルアセテートなど。酢酸エステルはフレグランスでもよく使用される。

ジャスモン酸メチルやその還元体であるジヒドロジャスモン酸メチル（Hedione®）はジャスミン中に存在するが，後者は安価に合成され，現在ほとんどすべてのフレグランス香料に用いられている。

窒素含む化合物としてメチルアンスラニレートは，フレーバーではグレープの香料に使用されるし，フレグランスでは，オレンジ，ジャスミン，などの花様香気，フローラル調の入浴剤用の香料などに使用される。

Hedione® の合成

pentanal

Dimethyl malonate

COOMe
COOMe

COOMe

COOMe

$-CO_2$

COOMe

Hedione

H

COOMe

H

O

シス体が匂いが強い

Methyl anthranilate の合成

NH_2

COOH

NH_2

OMe

O

Methyl anthranilate

9-8　ラクトン類

環構造の中にエステル結合を有している。IUPAC 命名法では炭化水素名に接尾語オリド -olide を付ける。慣用名では γ–ラクトン，5–ヒドロキシカルボン酸からは δ–ラクトンと呼ぶが，4–ヒドロキシカルボン酸からは，γ ラクトン，5–ヒドロキシカルボン酸からは δ–ラクトンが容易に調整される。

γ–ラクトンとしては，ノナラクトン，デカラクトン，ウンデカラクトンがよく使用される。一方，δ–ラクトンとしてはデカラクトン，ドデカラクトンが使用される。

フレグランスでは，キンモクセイ（金木犀）の香りに γ–デカラクトンや γ–ウンデカラクトンがよく使用される。フレーバーでは，ピーチ，マンゴー，パパイヤやミルク・バターフレーバーに使用される。

そのほか，フレグランスではジャスミンラクトン，フレーバーでは，ワインラクトンやミントラクトンなどが使用される。

大環状のムスク類（ペンタデカノリド，ヘキサカノリド，アンブレットライド）やクマリンなどはラクトンの範疇である。

ラクトン類の構造式

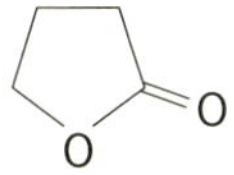

γ－Butyrolactone

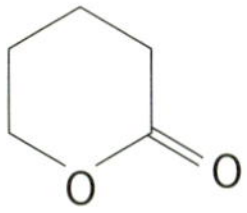

δ－Valerolactone

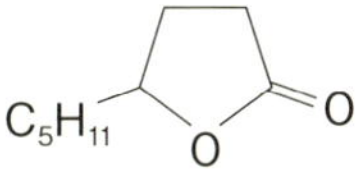

C_5H_{11}

γ－Nonalactone

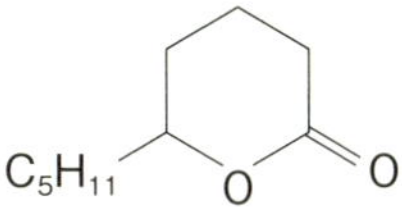

C_5H_{11}

δ－Decalactone

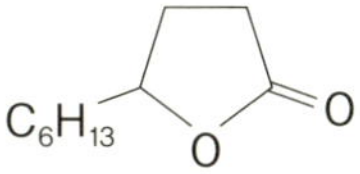

C_6H_{13}

γ－Decalactone

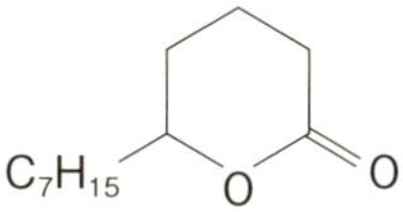

C_7H_{15}

δ－Dodecalactone

C_7H_{15}

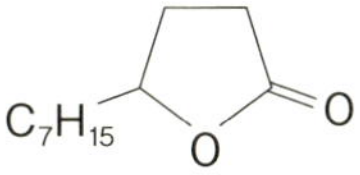

γ－Undecalactone

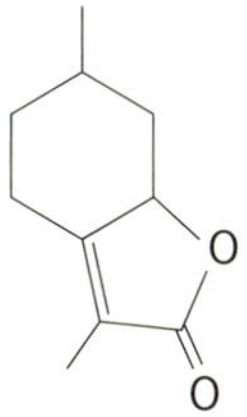

Mintlactone

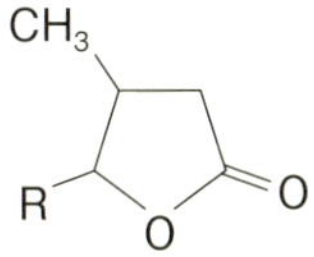

CH_3

R

3－Methyl－4－alkyl－γ－lactone
（R＝*n*－Butyl: Whisky lactone）

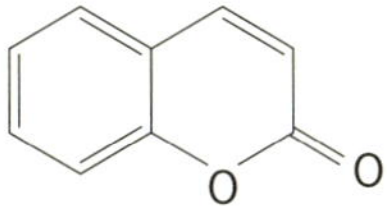

Coumarin

9-9　含窒素化合物

アンスラニル酸エステルとインドール誘導体が主に使用される。アンスラニル酸メチルは，ネロリやイランイラン，コンコードグレープなどの特徴成分であり，オレンジの果皮中にも含まれる。さらに緑茶や紅茶の香気成分であり，香料としても使用される。

インドール誘導体の代表例としてインドールとスカトールがある。インドールは，コスメチックな香りであり，ジャスミン様香気を示す。濃度が濃いと糞尿臭を連想する香りである。フレーバーでは茶系に用いられる。

スカトールは，屁や糞のにおいであるが，希薄状態ではおばあちゃんの箪笥を連想するノスタルジックなシベット様香気の代替えともなる香りである。

スカトールやインドールを香気の主成分とする苔（こけ）もある。例えば，ヒカリゴケは，擦るとインドールやスカトールの香気成分を放つため非常に臭い。

ピリジン類やピラジン類は，ポップコーンなどのフレーバーに使用される天然由来成分であり，ピリジンは各種アルデヒドから調製される。ピラジン類はアルデヒドとアミンが存在すると熱が加わることにより生成する。加熱フレーバー中に存在する。

アセチルピロリンはワインのネズミ臭（Mousy off-flavor）の原因物質の一つである。ダダチャ豆特有の，ポップコーンの様な臭いがする。また，アセチルピロリンは，各種の天然植物精油の香気成分中や米などの穀物，あるいはその調理品に含まれている香気成分である。

トリメチルピラジンは，ピラジンにメチル基が3つ結合した構造で，ローストポテトやチョコレート，ナッツのような香りを持っている。オオムギ，牛肉，コーヒー，ほうじ茶，ポップコーン，米飯，しょう油，エビ，ゆで卵などに広く存在している。

窒素Nを含む化合物

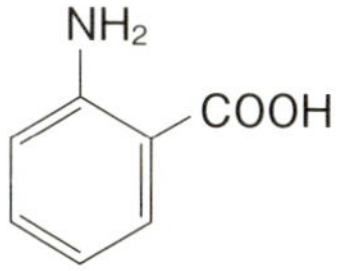

NH_2 COOH

Anthranic acid

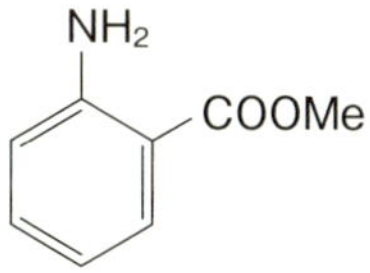

NH_2 COOMe

Methyl anthranilate

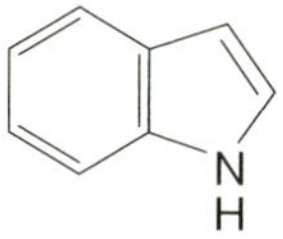

N H

Indole

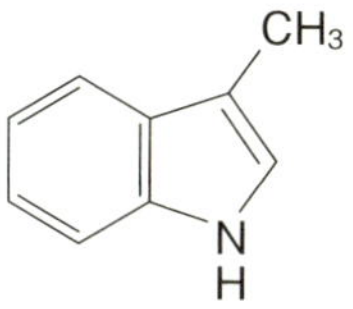

CH_3 N H

Skatole

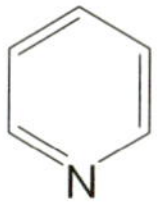

N

Pyridine

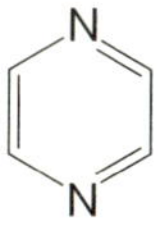

N N

Pyrazine

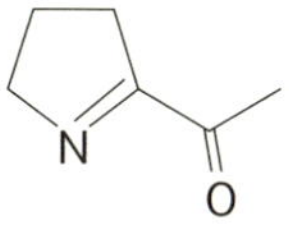

N O

Acetyl pyrolline

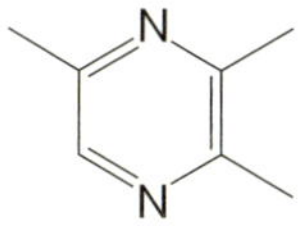

N N

Trimethyl pyrazine

9–10　含硫化合物

分子内に硫黄原子を含む化合物で，特に乳製品（ミルク，チーズ，バター）などのフレーバーやトロピカルフルーツ（グアバ，パッションフルーツ，ドリアン，パパイヤ）などに使用されている。フレグランスでは，メタンチオール（メチルメルカプタン）から誘導される含硫化合物は悪臭とされる。一方，フレーバーではアリルメルカプタンの2分子が結合したジアリルジスルフィド，5員環構造を有するトリチオランなどは非常に有用な化合物である。さらに，分子内に窒素と硫黄原子を有する5員環構造のチアゾール類は，アミノ酸の過熱反応によって生成するが多くはフレーバーに使用される。

分子内に硫黄原子を有するリモネンチオール，メルカプトメントンなどは少量でも閾値が低いために非常に少ない量でも特徴を表せる化合物である。グレープフルーツの特徴成分でもある。

3-メチルチオプロピオン酸エチルなどはパイナップルなどのトロピカルフルーツに使用される。フルフリルメルカプタンは，コーヒーフレーバーのキー物質である。

含硫化合物の例

Methyl mercaptan（Methanethiol），Allyl mercaptan（オニオン・ガーリック香気）

CH_3SH

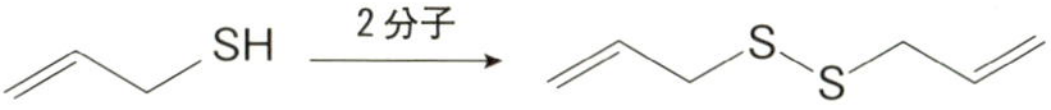

SH　2分子→　S　S

Diallyl disulfide

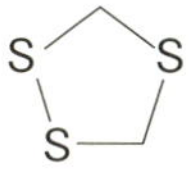

1,2,4−Trithiolane

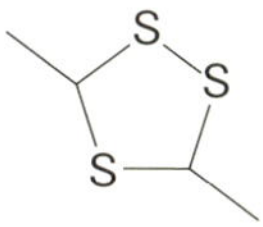

3,5−Dimethyl−1,2,4−trithiolane

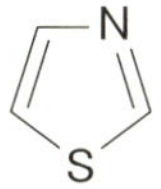

Thiazole

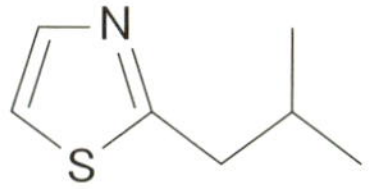

2−Isobutyl thiazole

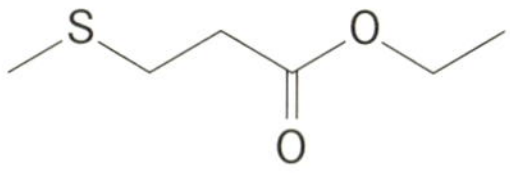

Ethyl−3−methylthiopropionate（トロピカルフルーツ香気）

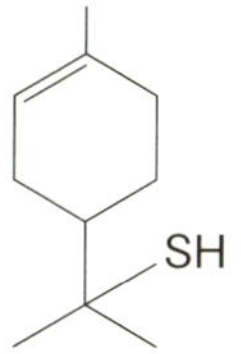

Limonene thiol

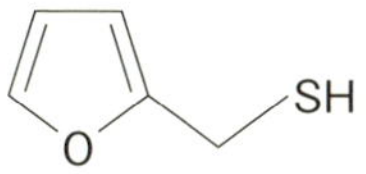

Furfuryl mercaptan（コーヒーフレーバー）

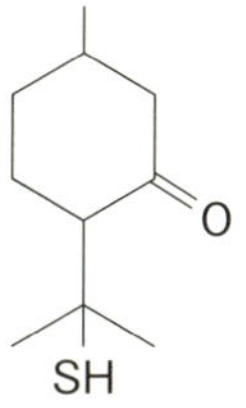

8−Mercapto menthone

コラム　身近な香りの良い花：オシロイバナ

香りの良い花というとローズやジャスミンといった，精油としても人気の高い植物を思い浮かべる。しかし道端でよく見かける身近な植物の中にも素敵な芳香を放つ植物がある。代表として「オシロイバナ」があげられる。

原産地はメキシコからペルーで，日本には江戸初期に入ってきた。夕方から夜にかけて花を咲かせることから，英語名：フォア・オクロックやアフタヌーン・レディの名もある。一般的に夕方から咲く花の芳香は強く，暗い夜に虫たちにアピールするのは“香り”なのであろう。

なんとも懐かしさを感じる昭和のシッカロールを思わせる香りである。

10

分　　析

香気物質の研究は 1960 年代より急速に進展した。香気物質の研究には抽出，分離，分析，構造決定，化学合成，官能評価などが重要であるが，特に分析技術の進歩が大きな貢献をしてきた。香気物質の詳細な分析が進み，ごく微量の香気成分の中にも閾値が低く香気寄与度の高い重要な香気成分があることがわかってきた。また，香気寄与度の測定方法の進歩は調香のあり方にも影響を与えている。現在の調香には化学情報が活用されている。

10-1 前処理

香気物質は植物の中にある時は細胞の中に液体として存在しており，香料として利用するときも液体もしくは固体である。香気物質はppm*のレベルで植物細胞の中に存在しており，たんぱく質，糖，脂質などに比べればごく少数派である。ごく少量しか存在していない物質をうまくとりだすには，香気物質とその他の物質との違いに注目し利用する必要がある。

① ヘッドスペース法：気体になる性質の利用。気体として空気中に存在する香気物質を捕集することがある。鼻で嗅いだのと同じような状態で匂いを分析したいというようなときに行われるのがヘッドスペース分析である。

② 圧搾法：シトラス類で行われている圧力をかけて絞り出す方法。熱もかからず香気成分を採れるので良い方法であるが，シトラス類は果皮に油胞があり精油が多量に含まれているから使えるが，花や葉から香気成分を採るには使えない。

③ 水蒸気蒸留法：ドルトンの分圧の法則を利用した方法で，香気物質が水と溶けあわない性質を利用。大半の香気物質は沸点が150℃以上であるが，100℃よりやや低い温度で香気物質を得ることができる。

④ 溶剤抽出法：香気物質の多くが親油性（疎水性）であることを利用。

⑤ 多孔性樹脂吸着法：果汁や醤油などの液体食品に含まれる香気成分を細孔構造を有した樹脂（ポーラスポリマー）で吸着する。その多孔性樹脂からは溶媒や加熱により脱着して香気物質を得る。

⑥ 超臨界抽出法：CO_2 超臨界流体による香気物質の抽出。例えば花弁や葉から直接香気成分を抽出することができる。CO_2 の臨界点は31.1℃，7.4 MPa。溶剤としてみれば無極性でヘキサン抽出と似た感じで使用できる。熱がかからない利点があり，抽出後に CO_2 は速やかに揮散してしまうので溶剤除去の操作もいらない。研究用だけでなく実用規模でも使われている。

⑦ SAFE法：Solvent Assisted Flavour Evaporationの略。高真空下での蒸留法で，室温に近い温度で蒸留できるので加熱による香気物質の変化を心配しないですむ方法。1999年に開発されたが研究用によく使われている。

---

*1％=1万ppm，百分の一が％，百万分の一がppm。

SAFE 法

高真空状態で香気成分のみを取り出す

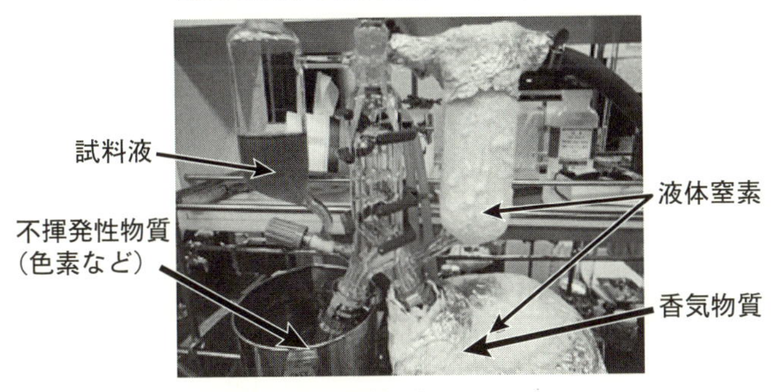

右下のボトル内に試料液中の香気物質が集まる

水蒸気蒸留による精油の抽出（於　北見ハッカ記念館）

蒸気発生装置（A）より発生した加熱水蒸気を，試料が充填された蒸留釜（B）に送る。釜内が蒸気に満たされると，蒸留の原理により気化した香気成分が蒸気に溶解した状態で冷却槽（C）へと誘導される。冷却によって液化した香気成分（精油）は分水器（D）で水と分離する。

10-2　ガスクロマトグラフィー（GC：gas chromatography）

天然の植物から水蒸気蒸留などの手法で香気物質を抽出できたとしても，いろいろな香気物質が混ざって存在している。いろいろといっても10種類程度ではなく数百種類である。1,000を超える可能性すらある。これをどのように分離するか考えてみたい。

（1）クロマトグラフィー法

1,000種類にもなろうかという香気物質の中から1つ1つの香気物質のみを取り出すことがいかに大変なことか，現在でも完璧な方法はない。物質の何らかの性質を利用して分離する方法がクロマトグラフィーである。固定相に置いた試料を移動相が動くときに固定相-移動相間の相互作用により分離を行う。試料が香気物質の場合は沸点の差と極性の違いを主に利用する。

（2）ガスクロマトグラフィー

香気物質は揮発性成分であるから試料に250℃程度の熱をかけてやれば気化される。フューズドシリカ製の内径1 mm以下，カラム長30 mとか60 mのキャピラリーカラムの内壁にはポリエチレングリコールなどの固定相（液相）がコーティングされている。カラムの長い方がピークの分離はよくなるが2倍の長さだから2倍分離が良くなるというほどの効果はない。1.4倍程度である。測定時間は2倍かかってしまう。ふつうカラムの温度は2～5℃/minの昇温を60℃程度～200℃程度の範囲で行う。移動相の気体は試料を酸化させたり分解させたりさせないように，不活性なガスである必要があり，ヘリウム，窒素，水素などが使われる。空気は使えない。カラム内で分離された香気成分はカラム末端に接続された検知器で検出され，記録データがガスクロマトグラムとして得られる。横軸が保持時間（リテンションタイム）縦軸が検出強度で，各香気成分はピークとしてみることができ，ピーク面積は成分量にほぼ比例するが，検知器の要因から正確な定量には補正因子の計算が必要になる。検知器にはふつう水素炎イオン化検出器FIDが用いられる。水素炎で燃焼させたときに出るイオンを捕集し，発生した電流を測定する。基本的には炭素数に応じて感度が上昇するので溶媒のピークはかなり小さく検出される。

ガスクロマトグラフィーは“香気物質のマラソン”である

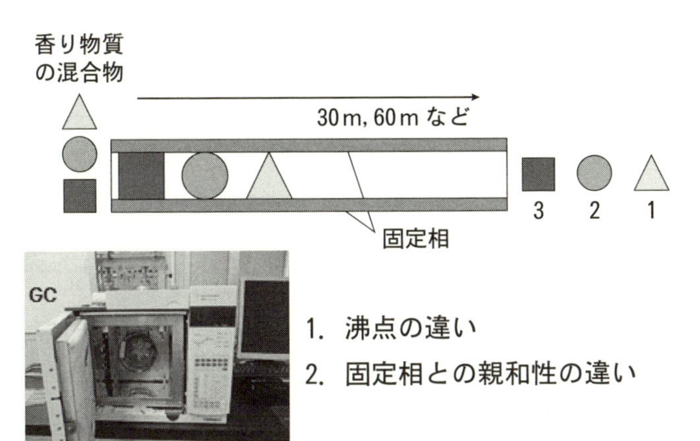

ピーク１つ１つが香気成分

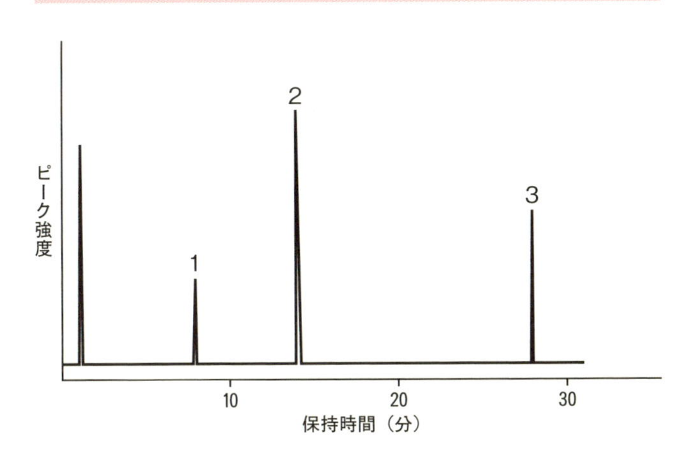

10-3　GCO と AEDA

機器を使用した香気物質の分析では肝心の匂いそのものは測定できない。香気物質の匂いの分析にはひとの鼻をセンサーにするほかに手段がない。これが香りの分析の面白いところでもあり，機器分析の弱点ともなっている。このことから香りの分析現場では詳細な分析データが出ても調香の参考になるデータがなかなか得られないということも起きてくる。極めて閾値の低い重要香気成分もあり，それがごく微量に存在すると分析データでは検出されていないという事態も稀ではなく，ひとの鼻で感知することがきわめて重要である。ピークが見えないところに特徴香気が感じられるということもあり，抽出法から検討しなおして新しい重要香気成分を見つけ出すということもある。

(1) GCO

GCO（匂い嗅ぎ装置付きガスクロマト分析装置）はガスクロマトグラフ（GC）のキャピラリーカラムの先を分岐させ，検出部（ふつうはFID）へ行く流路と鼻で嗅ぐ（スニッフィング）流出口（スニッフィングポート）を作り，分離されてきた香気成分１つ１つの匂いを嗅ぐことができるようにしたものである。質量分析計結合型ガスマトグラフ（GC/MS）で行うと，ピークの同定（どのような物質であるかの判定）もできる。

(2) AEDA 法

AEDA（aroma extract dilution analysis）法は香料を例えば3倍，9倍，27倍・・・というように一定の希釈率（3^n）で希釈していき，それぞれについてGC分析をして，出てくるピークの匂い嗅ぎ（スニッフィング）をして，どの希釈濃度まで匂いを感じるかをアロマグラムという棒グラフで表示する方法である。どの香気成分が香気全体に対して大きな貢献をしているかを知る方法として，良く行われる測定である。希釈の度合いをFD値で表す。FD値が高いピークほど匂いの貢献度が高いことになる。

どんな香気物質があるか，閾値はどうかを見る装置 GC/MS

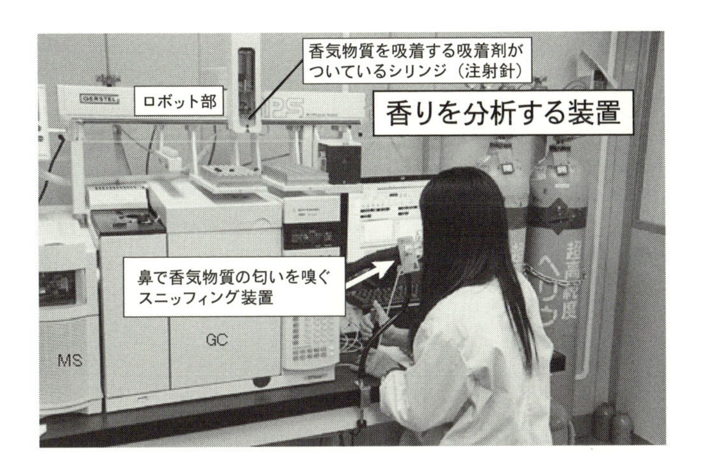

ワイン香気の AEDA

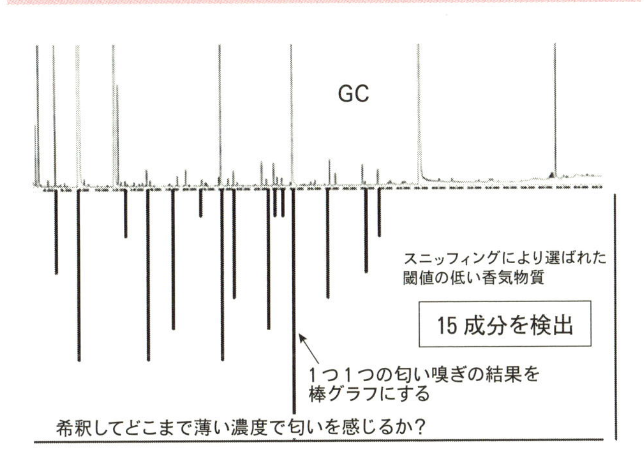

10-4　質量分析法（MS: mass spectrometry）

香気物質を含むあらゆる有機化合物の分子量を測定する分析法。分子量の測定だけでなくEI-MSのフラグメントパターンの利用により，既知物質についてはコンピュータの検索で物質名の推定も可能である。二重収束型の高分解能質量分析計を用いれば，元素組成も明らかにすることができる。香料分野ではGCと結合させたGC/MSが多く使用されている。

(1) 装　置

MSでは高真空系（10^{-3}〜10^{-4} Pa）にすることにより，フィラメントから放出された熱電子（70 eV）の照射により分子をイオンに変えて，キャリアーガス（Heガス）などの分子に衝突することを避け，そのイオンを高電圧で一方向に押し出して強力な磁場の中を通過させている。イオン化法は電子衝撃法（EI: electron impact）という。イオンはその質量の違いで磁場により進行方向の曲げられ方が異なる。質量が小さいほど大きく曲がる。この程度の差が記録され，標準物質との比較で質量が計測される。

GCに結合させるコンパクトなMSとして四重極型質量分析計がよく使用されている。

(2) マススペクトル

得られたスペクトルはマススペクトルと呼び，横軸は質量対電荷比（m/e）であり，縦軸はイオン量の大小を表す。分子イオンは親イオンと呼ぶこともある。熱電子の衝撃は親イオンを産み出すだけでなく，さらに娘イオンと呼ばれるフラグメントイオンも生じさせる。このことをフラグメンテーションという。フラグメンテーションはその物質に固有のパターンを示し，既知物質のフラグメンテーションのパターンとの照合により物質名の推定を行う。この推定結果は一致度の数値が付いており，物質の同定に近いと言えるが，あくまでも推定であり，最終的な同定には既知物質との照合などさらに確認のための作業が必要となる，

質量分析法

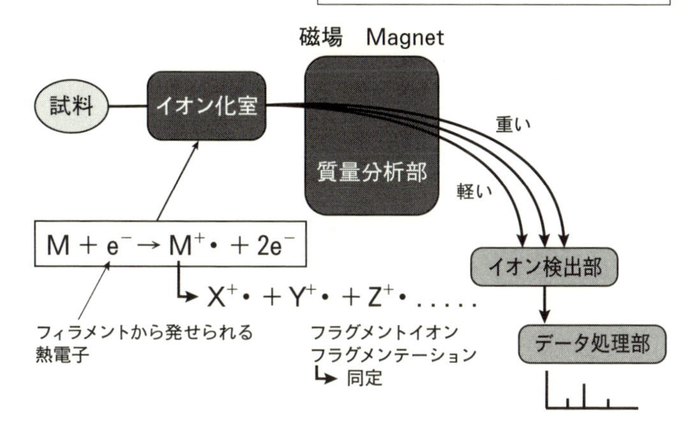

質量分析のスペクトル

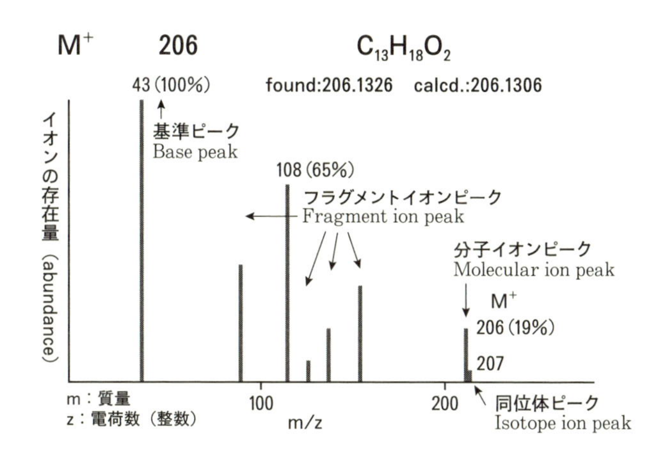

10-5　核磁気共鳴法（NMR: nuclear magnetic resonance）

核磁気共鳴法は，分子内の隣り合った炭素原子間における水素の数や相互の位置関係などを知ることができるため，MS では解明できなかった分子の構造も解明できる有用な方法である。

この原理を用いた MRI は生体内の ^{1}H を測定し，脳や消化器など生体内の内部情報を画像化する。

(1)　装　置

^{1}H や ^{13}C のような原子核はコマの回転のようなスピン運動をしている。このスピンの方向はバラバラであるが，超伝導磁石で作った 400 MHz というような強力な磁場の中に置くと同一方向か逆方向にほぼ半分ずつ低エネルギー状態と高エネルギー状態に配列し，ラジオ波領域のエネルギーが照射されると共鳴が起こり，その観測データが NMR スペクトルである。磁場強度が強いほど高性能である。

(2)　スペクトル

^{1}H–NMR（プロトンエヌエムアール）スペクトルの横軸は化学シフト（chemical shift）といい，δ（ppm）で表す。シグナルの面積比が縦軸で表される。つまり H の数に換算できる。各シグナルはとなりの炭素に結合した水素の数を n とすると $n+1$ 個に分裂するので（$n+1$ 則），その分裂のしかたを見ていけば炭素骨格の構造が見えてくる。次ページの酢酸エチルのスペクトルで A, B, C がどのシグナルであるかを確認していただきたい。各スピンは分子内の電子的環境の影響を受けるので，A と C は同じメチル基であるが，A のように隣にカルボニル基があると低磁場側（左側）にシフトする。推定構造まで表示される MS とは異なり，NMR のデータを読むためには読み解くための知識が必要である。

^{13}C–NMR（カーボンエヌエムアール）ではその化合物の炭素数や各炭素の電子的環境を知ることができる。天然界に多く存在する ^{12}C は NMR 現象を示さないので，少量の存在ではあるが同位体の ^{12}C が測定される。

(3)　二次元 NMR（2D–NMR）

NMR の手法の 1 つであり，例えば水素原子と炭素原子の結合の解析などに使われる。

400 MHz NMR の超伝導磁石

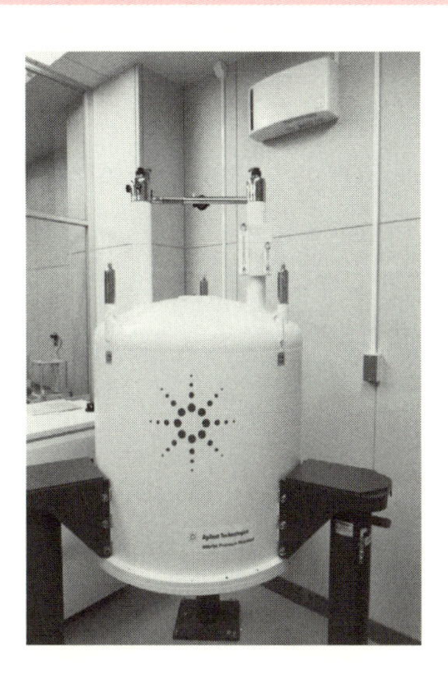

NMR スペクトルの例（酢酸エチル）

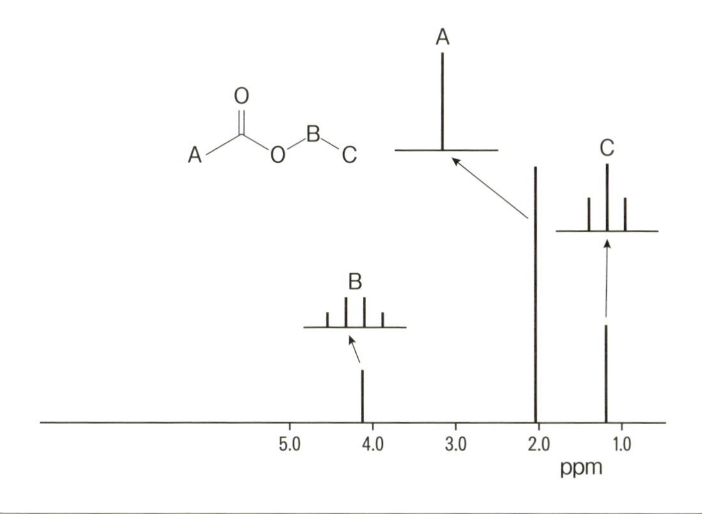

10-6　赤外，紫外可視吸収スペクトル

赤外吸収スペクトル（IR）は電磁波の波長領域の中で赤外線領域の吸収スペクトルである。官能基の種類や結合の種類が特定できるので化合物の同定に役立つ。

紫外可視吸収スペクトル（UV）は紫外可視線領域の吸収スペクトルである。共役系の構造の解析に有用である。

(1)　赤外吸収スペクトルでの特徴吸収帯

分子における原子間の共有結合はバネのように伸び縮みしていると考えられ，伸縮振動と変角振動の 2 種類が見られる。この振動数に対応する波長の光が当たると光の吸収が見られる。この吸収の様子を波数 400～4000 cm^{-1} の範囲で記録したものが IR スペクトルである。構造決定のためには官能基特有の吸収帯に注目する。例えば酢酸ベンジルの IR スペクトルに見られるように 1700 cm^{-1} 付近に大きな吸収帯があればカルボニル基やエステル結合などが存在することが予測される。このスペクトルで，もしヒドロキシ基があれば 3200～3600 cm^{-1} に大きな吸収帯があるはずであるが，見られないのでヒドロキシ基は存在しないことがわかる。指紋領域と称される 700～1700 cm^{-1} の領域は各物質固有のパターンを見せ，指紋のように判定に使える。

(2)　紫外可視吸収スペクトル

紫外部（200～360 nm），可視部（360～780 nm）の吸収スペクトルで 200 nm 以上に強い吸収があれば共役系の構造があることを示す。

電磁波スペクトル

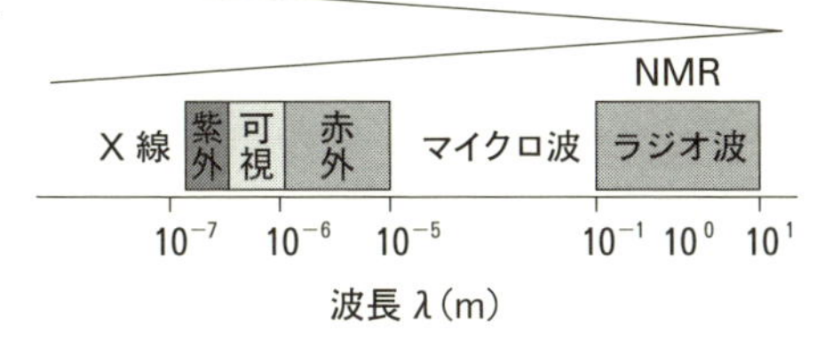

赤外吸収スペクトル（IR）の例（酢酸ベンジル）

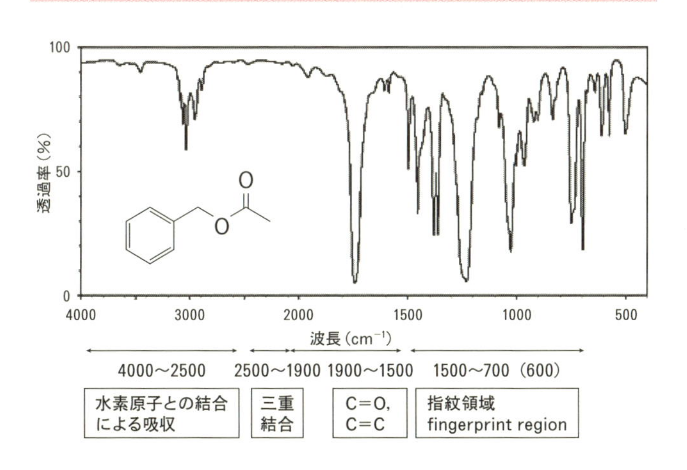

紫外可視吸収スペクトル（UV）の例（バニリン）

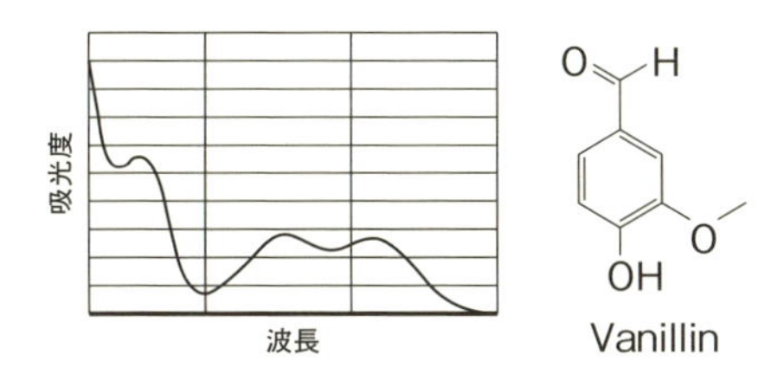

10–7　ヘッドスペース分析と固相マイクロ抽出法

どちらも研究用の香気捕集法であり，ごく少量の香気物質を捕集する。

ヘッドスペースとは容器の中に試料を入れて密閉した時の上部の空間のことで，この空間に存在する香気物質を捕集し分析することをヘッドスペース分析という。鼻で嗅ぐ匂いとできるだけ近い状態で分析しようとするものであるが，何らかの吸着剤で香気物質を吸着させ，加熱脱着させることになるので，全く同じということではないが実行しやすい方法であるためよく用いられる。低沸点化合物の分析に向いている。

固相マイクロ抽出法は吸着剤をコーティングしたファイバーを内装したシリンジを使い，ファイバーに香気物質を吸着させる。そのシリンジをガスクロに装着して香気物質を加熱脱着し，分析する。

(1)　静的ヘッドスペース法

密閉容器内のヘッドスペースの気体を吸着剤に吸着させて取り出し，加熱もしくは溶剤で脱着して香気分析をする。漂う香気物質を吸着するだけなので捕集できる香気物質量は小さく，分析しにくいこともある。ガスタイトシリンジで捕集する方法もある。

GC 分析の手法として SPME（solid phase micro extraction）法がある。先端部に吸着剤をコーティングしたファイバーにヘッドスペース香気を吸着させ，GC の注入部で加熱脱着させる。操作がルーティン的に行なえることもあって最近の香気分析の報告では極めて一般的になっている手法である。

(2)　動的ヘッドスペース法

試料を入れた容器に窒素や空気を流入させて，その先に吸着剤を置く。気体の流れができるので吸着する香気物質の量は増加する。

(3)　固相マイクロ抽出法

SPME 用の専用シリンジを試料が入った容器に差し込み，ファイバーをその気相中にさらして香気成分を吸着させる。ガスクロの 1 つの装置として取り付けられていることが多い。

ヘッドスペース分析

■静的ヘッドスペース法

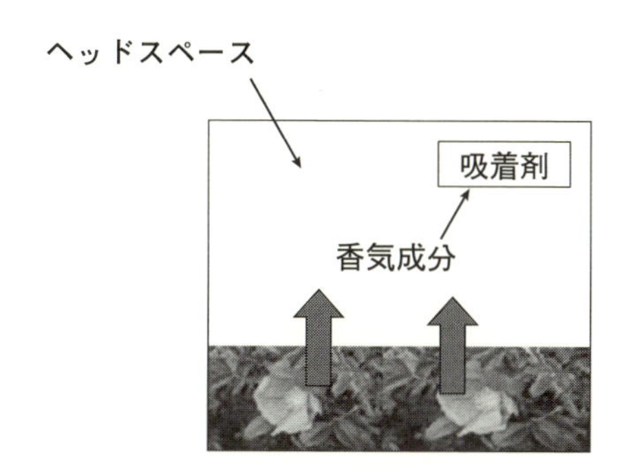

■動的ヘッドスペース法

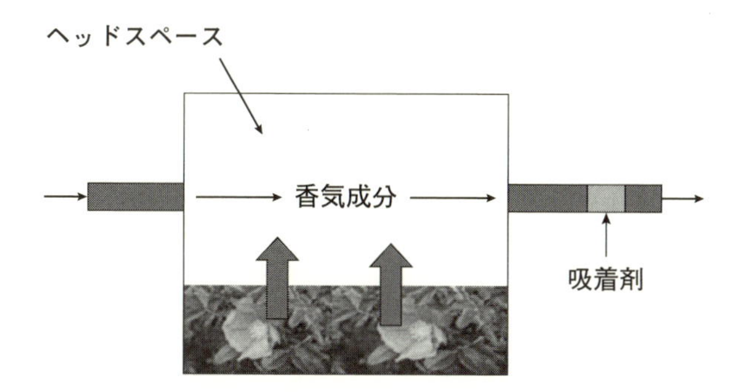

11

香料の合成

香気物質の化学的研究が始まり，多くの植物精油の研究が行われ，有機合成合化学も進歩し5000種以上の合成香料が登場した。出発原料としては大量かつ安価に入手可能なテレピン油，クローブ油，ボア・ド・ローズ油・シトロネラ油，オレンジ油などが用いられてきた。ピネンからの多くのテルペン類の合成やアセチレン・アセトン・イソプレンなどを出発原料としてテルペン類の合成法が確立し現在に至っている。

現在では，安全性や安定性が高く，香りのパフォーマンスの高い化合物が常に求められている。重金属を用いた酸化反応やオゾンを用いる酸化方法のような製造方法は自然環境への負荷の大きいため，バイオ原料を使用した方法，生化学的手法により副生成物や製造後処理に問題が起らない方法論が開発されている。また，新規物質も生分解性を考慮したものが検討されている（ボア・ド・ローズ油は絶滅危惧種と指定されている）。

11-1　合成香料の登場

天然香料は価格が高い事，生産地によって精油の匂いが異なる事，さらに天候の影響を受けやすいことから，天然香料と同様の香りを放つ安価な代替え品あるいは新規な香料物質が開発された。石油系原料由来の安価な香料が次々と登場した。ピネンを中心としたモノテルペン類，あるいは，ベースノートに貢献する化合物群が多い。モノテルペンでは，ピネンから種々のモノテルペンアルコール類，アルデヒド類，ケトン類が合成された。ケトン類ではウッディノートに通じるものがそれである。

ウッディノートやアンバーノートを有する香料は，高級な香水に使用されたベチバー油の香り（イネ科の植物）・シプレータイプの香料には欠くことのできないパチュリ油と同様に非常に重要度が高い。ウッディノートとは，シダーウッドやサンダルウッドのような木の香りを放つものであるが，これらに代わる化合物として，セドリルアセテート，セドリルメチルエーテル（セドランバー），イソ・イー・スーパー（Iso-E-Super）などがある。

アンバーとは，天然由来のアンバーグリスを語源としているが，この天然のアンバーの香りを再現するアンブロックス（別名：アンブロキサン）が広く用いられている。そのほか，カラナール（トリプラールのアセタール誘導体）やティンベロールなどの合成香料が使用されている。

ムスク香気を示す化合物としては，麝香に含まれるムスコン同様に大環状のムスク（マクロサイクリックムスク Macrocyclic musk）類があげられる。アンブレッドライト，エチレンブラシレートなどの大環状エステル類，シクロペンタデカノリドや分子内にオレフィンを含むラクトン類がある。その香りは，拡散性がありナチュラル感があるためムスクノートとして重要な素材である。非常に香りのよいニトロムスク類は，安全性の問題から使用されなくなってきている。そのほか，ジャスミン類のフローラル香気を有するメチルジヒドロジャスモネート（Hedione®）（128 頁参照）は，ほとんどの調合香料に使用されている。

ベースノートに貢献する化合物

■ウッディー香気

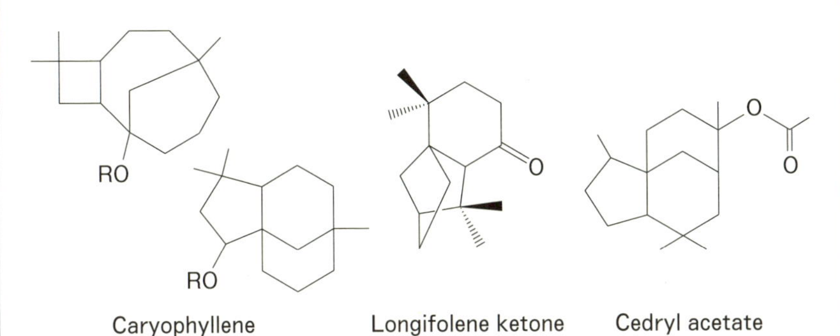

Caryophyllene　Longifolene ketone　Cedryl acetate

■アンバー香気

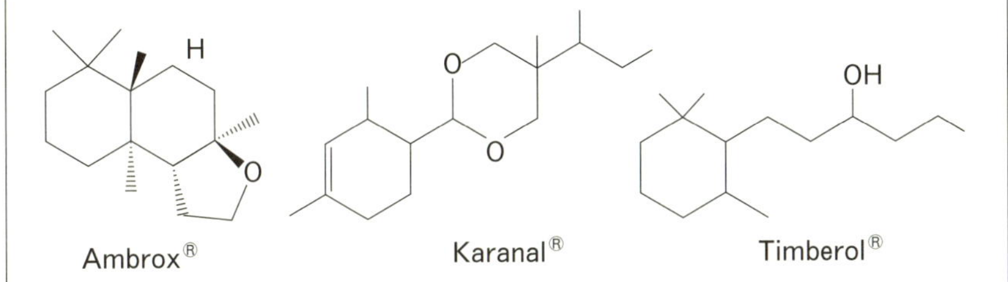

Ambrox®　Karanal®　Timberol®

■ムスク香気

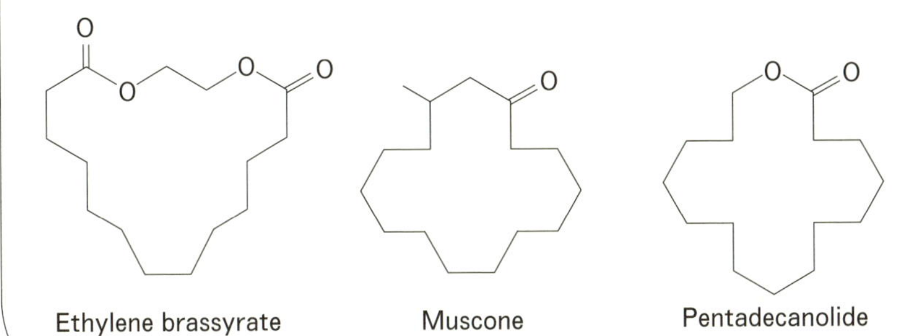

Ethylene brassyrate　Muscone　Pentadecanolide

11-2 アセチル化，アシル化，フォルミル化，エステル化反応生成物

各種エステル類は，アセチル化，アシル化，フォルミル化などの反応によって提供されていた。例えば，ベチバー油中のベチベロールは，ベチベリルアセテート，シダーウッド油中のセドロールはセドリルアセテートとしてウッディ香気を有する化合物として使用される。

サリチル酸やアンスラニル酸エステルなどもメチルおよびエチルエステルなどへ変換される。前者はミンティー（ウインターグリーン）な香りを示し，後者は，柑橘系のネロリ，オレンジフラワー，ジャスミン系の香りを有する香料に使用される。また，入浴剤用香料としても使用頻度が高い。天然精油中には，非常に多くの種類の精油に含まれている。

多くの精油中に含まれるセスキテルペンの炭化水素類（エレメン，カジネン，カリオフィレン，ロンギフォーレンなど）は，合成香料の原料として重要である。カリオフィレンやロンギフォーレンから，エポキシド，ギ酸エステル，酢酸エステルやメチルケトン体が調製され，製品中での安定性を考慮した化合物が使用された。

ギ酸カリオフィレンは，カリオフィレンと比較し非常にすっきりした香気を示し保留性に優れており，香水，オーデコロンなどのようなアルコール製品に大量に使用された。残念ながら塩基性の基剤中での安定性が低いためそのほかの製品には使用されない。

カリオフィレンアセテート，カリオフィレンアルコール，カリオフィレンエポキシドなどの使用量は最近では少ない。また，ロンギフォーレンから調製できるイソロンギフォーレンケトンも特徴あるウッディ調でアンバー香気を持っており，ファブリックケア製品の使用された。

ヌートカトンは，セスキテルペンの炭化水素であるバレンセンから生化学的な反応（酵素反応）によって効率よく合成される。フレグランスよりもフレーバーで使用される方が多い。

セドロール，サンタロールは，酢酸エステル（アセテート）へ変換され使用された。

セスキテルペンからの反応生成物の例

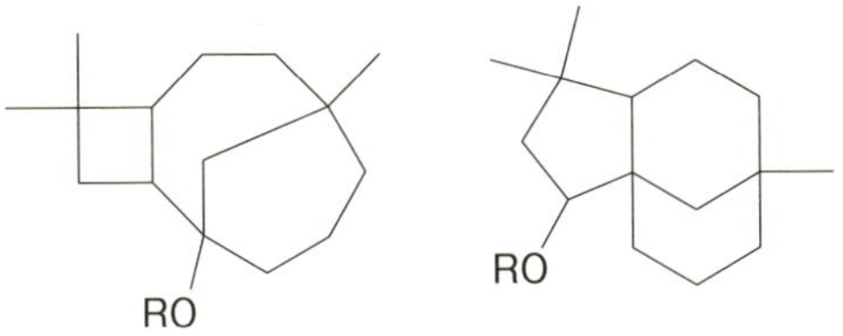

RO

RO

Caryophyllene

R＝H：Caryophyllene alcohol
R＝HCO：Formate
R＝CH_3CO：Acetate

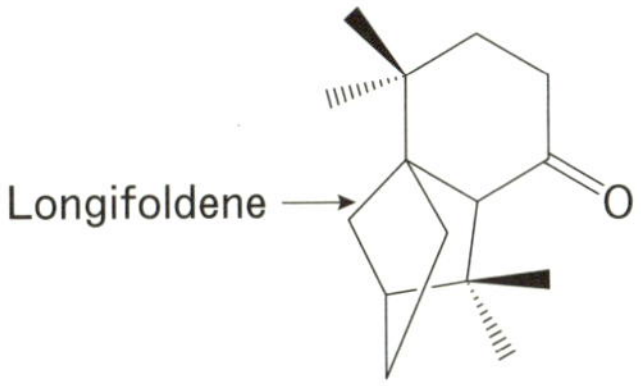

Longifoldene →

O

Isolongifolene ketone

ヌートカトンの合成

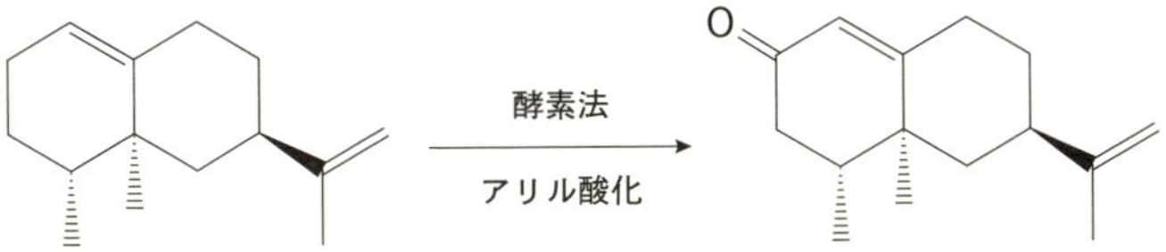

酵素法
アリル酸化

O

Valencene

Nootkatone

11-3 エーテル化

アルコール性水酸基 –OH を Na 塩などに変換し，ハロゲン化アルキル（RX）などを反応させて調製する。あるいは，過酸化物によってエポキシドを調製し環を開いたのちに脱水してエーテル化する。また，オレフィンを有する化合物に対して酸触媒存在下でメタノールを付加する方法などがある。

テアスピランは，分子内にスピロ環を有するエーテルであり，ややウッディな香りを有しており，ベリー，紅茶，緑茶などのフレーバーに使用される。フレグランスでは，バラ，キンモクセイ（金木犀）の花の香気成分として報告されており，少量使用される。β–イオノンからエポキシドを経て容易に調製ができる（次ページでは，Dihydro–β–ionone からのルートを示す）。4 種類の光学活性体が存在するが，一般的にはラセミ体の混合物として使用される。

セスキテルペン炭化水素のセドレンは，酸化してエポキシドとしたのちに開環して，セドリルメチルエーテル（セドランバー　Cedramber IFF 商品名）が調製される。

ジテルペンの（＋）–マヌール，（–）–スクラレオールや（–）–ラブダン酸からは，ベースノートの中でも非常に重要なアンバー香気を有するアンブロックス（Ambrox）が調製された。鎖状セスキテルペン炭化水素 β–ファルネセンからメントール製造に用いた不斉水素移動反応を利用して（–）–アンブロックスを合成する報告例も報告されている。これらの化合物は，フレグランスのみに使用される。

一般的なエーテル合成法

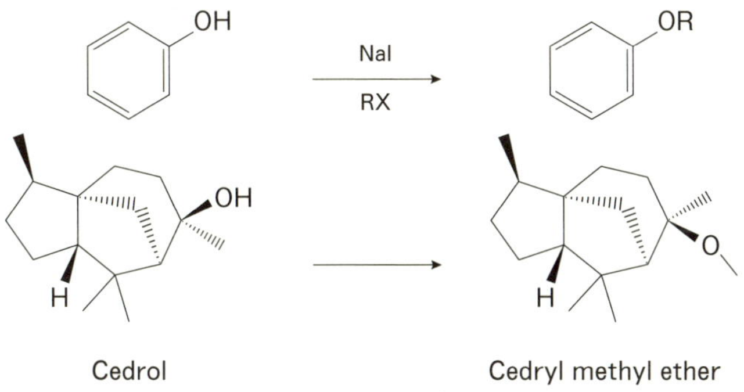

OH
NaI
RX
OR

OH
H
Cedrol
O
H
Cedryl methyl ether

テアスピランの合成

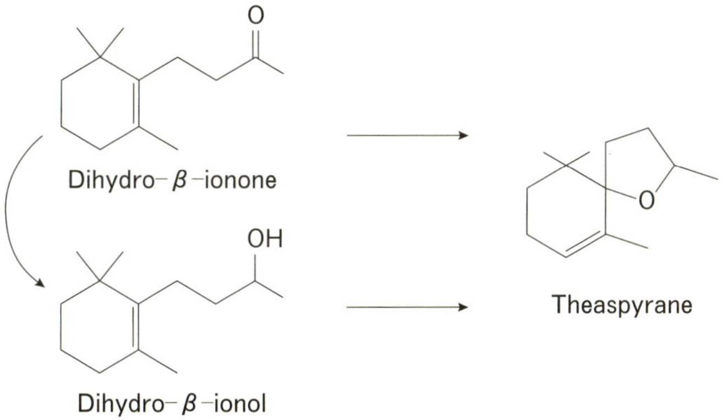

O
Dihydro−β−ionone
O
Theaspyrane
OH
Dihydro−β−ionol

アンブロックスの調製

Diterpenes
(＋)−Manool
(−)−Sclareol
(−)−Labdanoic acid
β−Farnesene
H
O
(−)−Ambrox

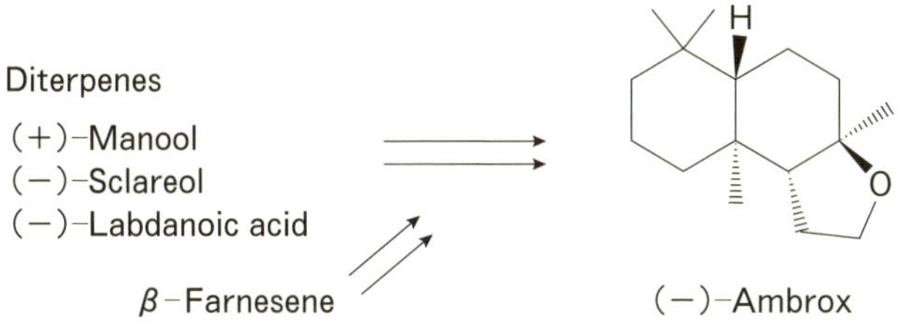

11-4　アルドール縮合

この縮合反応は，塩基性触媒存在下，ケトンとアルデヒドの反応からは，α , β-不飽和アルデヒド，もしくは，α, β-不飽和ケトンが合成される。また，芳香族アルデヒドと脂肪族アルデヒドからも同様に α, β-不飽和アルデヒドが合成される。シトラールとアセトンから塩基性触媒を用いて，プソイドイオノンが調製される。これを酸触媒で処理すると，閉環してイオノン類が α-, β-, γ-の混合物として得られる。使用する触媒の酸強度によって生成する二重結合の位置の異なる異性体が得られる。アセトンの代わりに，メチルエチルケトンを使用すると，メチルイオノン類が得られる。イオノン類（天然に存在する）やメチルイオノン類は，ウッディですみれ様の香気を示し，ミドルノートに貢献する香りである。

イオノン類は，シダーウッド様の香気を有し希釈するとスミレの花様香気を示す。このうち，α-イオノンには（R)-(＋)-体と（S)-(－)-体があり，両エナンチオマーとも天然物中に存在する。エナンチオマー間で香質や香気の貢献度が異なると報告されており，光学活性な化合物が合成され，ベリー，茶，たばこ様香料などに使用されている。

また，イオノン類は，カロテノイドから生成すると考えられており，メチルイオノン，ダマスコンなどの合成の出発原料としても用いられる。ダマスコンやダマセノンは，バラやストローベリー，ラズベリーなどのベリー類中に存在する微量成分であるが，香気貢献度が高い化合物であるため香粧品様香料の調合には有効に利用されている。イオノンより炭素数の 1 つ多いメチルイオノン類は，α-イソメチルイオノン，α-メチルイオノンなどと，メチル基の位置違いにより呼び名が異なるが，3 つの異性体混合物のまま使用される。メチルイオノンは，フレグランスのみに使用される。

芳香族アルデヒドと脂肪族アルデヒドからは，塩基性触媒を用いて α-ヘキシルシンナミックアルデヒドや α-アミルシンナミックアルデヒドが調製される。ベンズアルデヒドとヘプタナールからは化合物（1）が，オクタナールからは化合物（2）が調製され，多くの調合香料に使用される。これらのアルデヒドも使用されるのは，フレグランスであり，フレーバーでは使用されない。

イオノン類

O

α-Ionone

β-Ionone

γ-Ionone

(R)-(+)-

(S)-(−)-

R_1 O R_3 R_2

R_1 or R_2 or R_3=Me
Methyl ionone

α-アルキルシンナミックアルデヒド

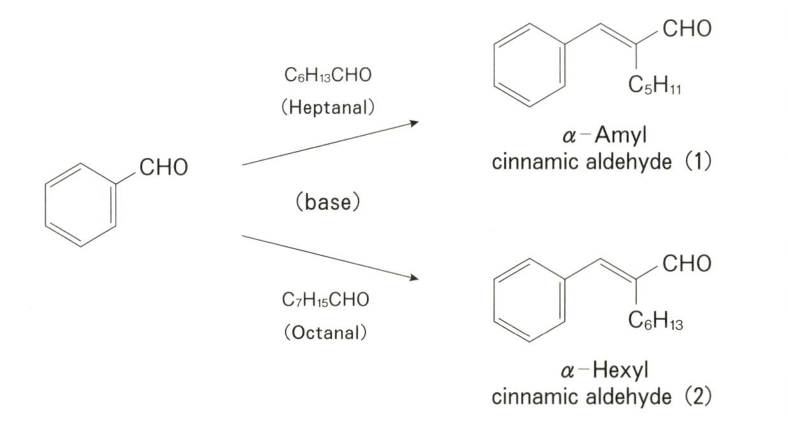

11-5　ディールス・アルダー反応

テルペン類はジエン構造を有するのが多いため，共役カルボニル化合物とのディールス・アルダー（DA: Diels Alder）反応によって新たな合成香料が調製された。モノテルペン炭化水素（ミルセン）とアクロレインのDA反応によって，ミューゲ調の香りのリラールが調製された。ミルセンと3-メチル-3-ペンテン-2-オンからは，DA反応後の生成物を酸処理して閉環して得られたケトンである化合物（Iso-E-Super）が開発された。この化合物は，非常に高いウッディ，アンバー香気を示し，多くのアルコール製品，ファブリックケアおよびヘアーケア製品用香料など多くの香粧品香料に使用されている。

その後，この化合物製造中における微量成分であるGeorgywood®（Givaudan）が強い香気を示す特徴成分であると報告された。これらは，ミドルノートからベースノートに貢献する化合物でありミューゲ調の香りの洗剤や石鹸用香料などに非常によく使用される。

これらの合成香料は，フレグランスに使用されるが，フレーバーでは使用されない。この反応は各種フレグランス用香料製造において有用なものである。

Diels–Alder 反応

①ミルセンとアクロレイン

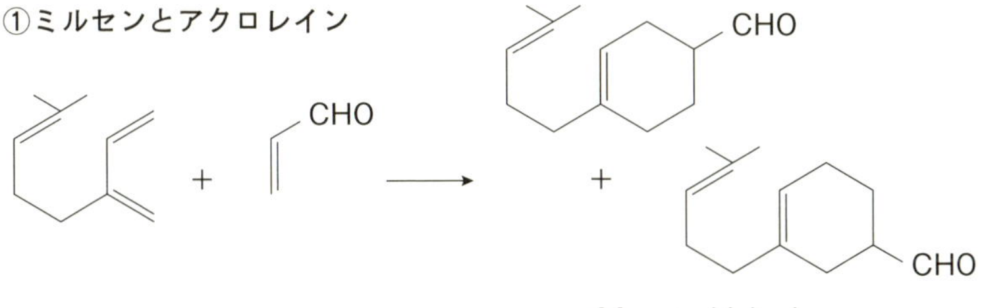

Myrac aldehyde

②ミルセノールとアクロレイン

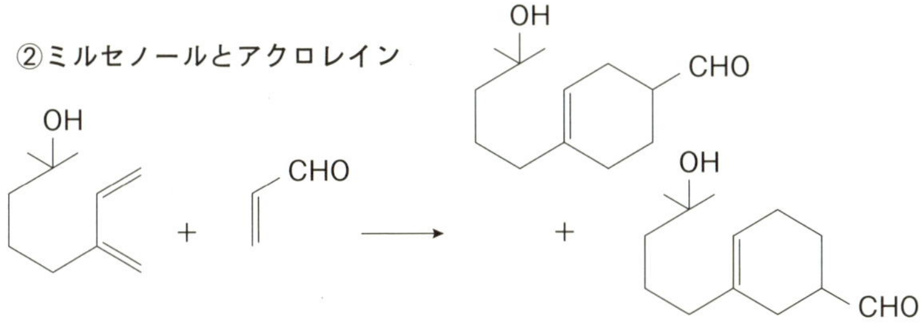

Lyral

Iso–E–Super の合成

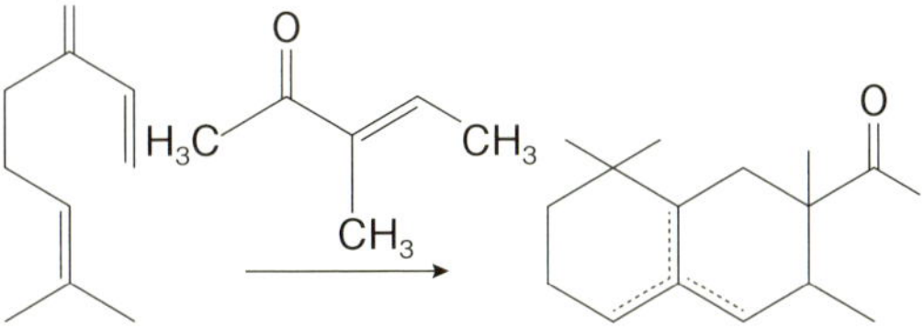

Myrcene

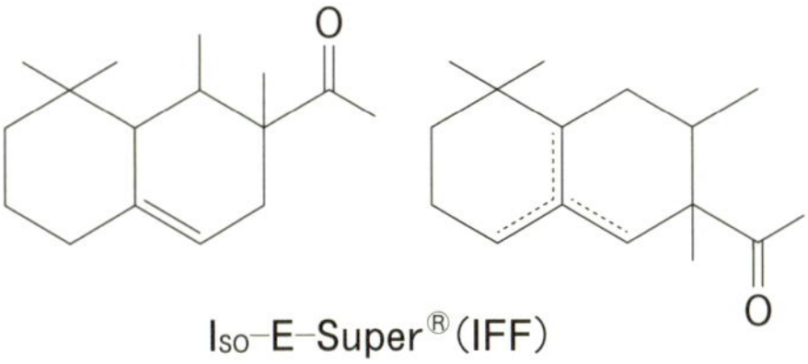

Iso–E–Super®(IFF)

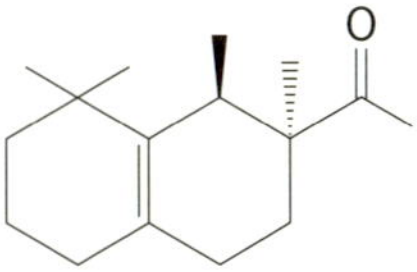

Georgywood®

11-6　光学活性なメントール

α-ピネンは，酸性条件下で容易に異性化して β-ピネンを生成し，さらに多くのモノテルペン系香料化合物へと変換された（リナロール，ネロール，ゲラニオール，シトロネロール，シトロネラール，α-ターピネオールジヒドロミルセノールなど）。これらの化合物はトップノートからミドルノートにかけて貢献する香りである。鎖状モノテルペン炭化水素のミルセンを出発原料として，次のような方法により年間数千トン単位で l-メントールが製造されて使用されている。

製　法

ミルセンを出発原料としてゲラニルジエチルアミンを得，不斉な配位子を用いた錯体触媒（Rh-BINAP）を使用して不斉異性化反応（水素移動反応）を行ってシトロネラールエナミンとし，酸処理すると光学活性なシトロネラールが得られる。つづいて，閉環反応によりイソプレゴールとし，水素添加して l-メントールを得る。

また，l-メントールの合成中間体からは，(S)-体，あるいは（R)-体の光学純度の高いシトロネラールが得られ，それらより誘導されたテルペン類は，工業的に生産され各種調合香料の原料として使用されている。このように，ミルセンないしはイソプレンより製造された種々の両鏡像体（エナンチオマー）がバランスよく香料として使用されている。

ミルセンからの*l*-メントールの不斉合成

Myrcene →(Li, Et_2NH)→ NEt_2 →(Rh-(*S*)-TolBINAP)→ NEt_2 →(H_3O^+)→

(R)-(+)-Citronellal →($ZnBr_2$)→ (−)-Isopulegol (OH) →(H_2, Ni cat.)→ (−)-Menthol (OH)

ペパーミント

11-7　生化学的手法の応用　（2 級・3 級アルコール類を含む）

例えば，2 級アルコールはラセミ体を生化学的手法によりビニルアセテートと反応されると，例えば（*R*)–体は，エステルを生成するが（S)–体は，アルコールのままで反応しない。ここで，エステルとアルコールを分離する。

生成するエステルを取りだし，加水分解して精製すると（*R*)–体のみのアルコールが得られる。一方，(*S*)–体は，アルコールとして存在するので分離した際に光学活性体が得られる。このような生化学手法と有機合成とを組み合わせて，例えば光学活性なテアスピランや β–イオノンなどが光学活性体として製造される

ラクトン類は，4–ヒドロキシあるいは，5–ヒドロキシカルボン酸から γ–体，δ–体が得られるが，特にフレーバーでは使用量に応じての製造が可能である。2 級のアルコールは光学活性体に導くことが容易であり，光学活性なラクトン類を調製できる。

グレープフルーツの重要香気であるヌートカトンは，セスキテルペンの炭化水素であるバレンセンから生化学的な反応（酵素反応）によって効率よく合成されている。フレグランスよりもフレーバーで使用される方が多い。

リナロールやネロリドールのような 3 級アルコールは，光学活性体が存在する。天然物中のネロリドールは，主に，*trans*–体が多く存在し，(*S*)–体のエナンチオマーの存在比が高い。一方，リナロールは，植物によってその構成比が異なる。完全に一方のエナンチオマーだけを含むものとラセミ体に近い比率で存在するものなどまちまちである。しかしながら，これらの匂いの質も異なるためキラル解析を進めることに有意義である。

このように，2 級アルコールや 3 級アルコールの合成には，しばしば酵母や酵素などを利用した生化学的手法が用いられる。

光学活性な2級アルコール

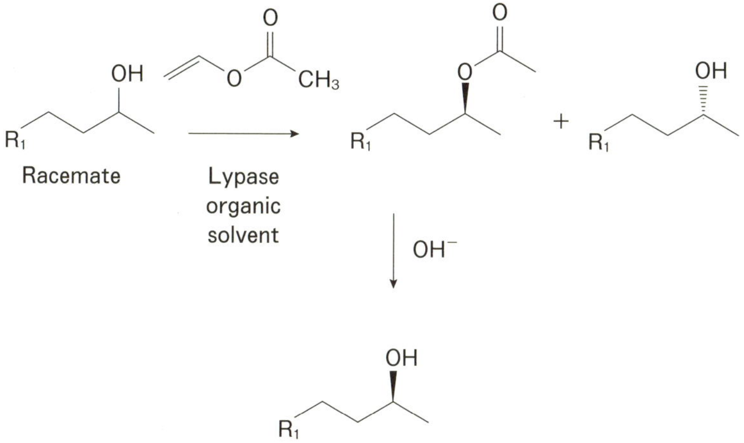

OH
CH_3
O
O
R_1
Racemate
Lypase
organic
solvent
+
OH⁻

酵素法によるアリル酸化（ヌートカトン合成）

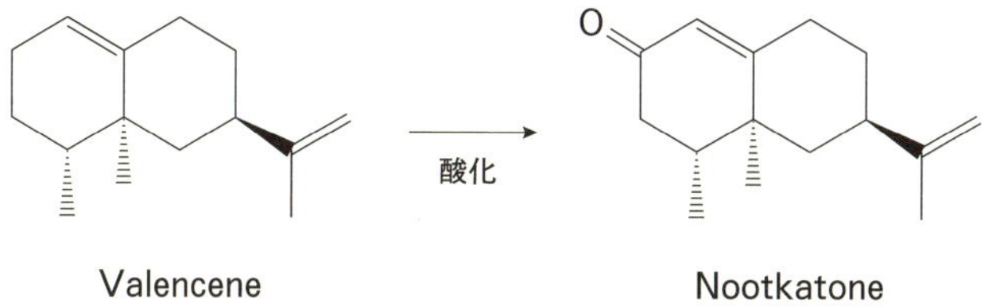

酸化
Valencene
Nootkatone

コラム　スズランの香り

春の訪れを知らせる代表的な花，スズラン（ミュゲ）は，ローズ，ジャスミンと並ぶ香水の3大フローラルの香りである。清楚で透明感があり，グリーンのニュアンスのある品の良い香りで人気が高い。

フレグランス製品の香りで重要な香りの1つであるが，花精油は高価で収油率も低いため，昔から合成香料を調合して使われている。香気成分はリナロール，シトロネロール，ゲラニオール，シンナミックアルコール，フェニルプロピルアルコール，フェニルエチルアルコール，*cis*-3-ヘキセノールなどであるが，スズランの特徴となる香気成分はまだわかっていない。

ヨーロッパでは，スズランは幸福のシンボルとされており，花嫁に贈る風習がある。しかし，スズランには全草に毒を持ち，特に花と根に多い。切り花として生けた時に花瓶の水を誤飲しないように注意が必要だ。

12

官能評価

市販品や試作品を評価していくために，科学的に進める方法とひとの感覚を利用して進める方法とがある。ひとの感覚を利用する方法が官能評価である。

官能評価は「食品や食品素材が知覚，触覚，聴覚，味覚，嗅覚などにより感知されるとき，それらに対する反応を引き起こし，測定，解析するために用いられる科学の一規範」と定義されている。

食品の評価において，味や香りはその正体を正確に把握できないため，数値化できない違いを判断するための優れた有効な方法官能評価であり，最終的に多変量解析等の統計的．に判定され，その結果は言語で表現される。そして新たな製品開発に役立てている。

12-1　香りの官能評価

「香り」は私たちにとって，身近な存在でありながら，その正体を正確に把握することは難しい。香りの官能評価（sensory evaluation）は香料そのままか，溶剤（エタノールやプロピレングリコールなど）で希釈して，瓶から直接または匂い紙で香りを嗅いで評価する。また，フレーバーは水や実際に添加対象となる食品へ賦香して評価する。フレグランスの多くは最終的には実際に付香した製品で官能評価が行われる。フレーバーでは鼻から嗅ぐだけでなく，口腔から鼻腔へ抜ける香りも評価の対象とする。

香りを評価する言葉は特殊用語ではなく，最初は一般によく知られた事象に合わせた用語を使いながら共通のイメージを一致させていく。香りの感じ方も十人十色で1つの言葉で表現し，的確に伝えることは難しく，パネルを使った官能検査では客観的な根拠を持たせるために，統計的な手法を取り入れる工夫がされている。

また，香りの分析においては香気成分名，組成，含有量などは計測されるが，残念ながら，香りの質や匂いの強さ，また嗜好性までを測ることは難しい。

香りを創る専門家であるフレーバリストは，近年，フレーバー全体の輪郭を表現する20〜30の共通形容詞を組み合わせてフレーバープロファイルと呼ばれる概念を先に表現して香りの評価を行うようになってきた。評価用語として，軽さ，華やかさ，広がり，マイルドさ，インパクト，ソフトさ，まろやかさ，シャープ，粗い，刺激的，荒い，コクのある，濃厚感，うすい，水っぽい，フレッシュ，グリーン，みずみずしい，ジューシー，サワー，甘さのある，ビター，熟成感，発酵感，フローラル，油っぽさなど，五感のすべてを駆使して香りを表現する。

五感と官能評価

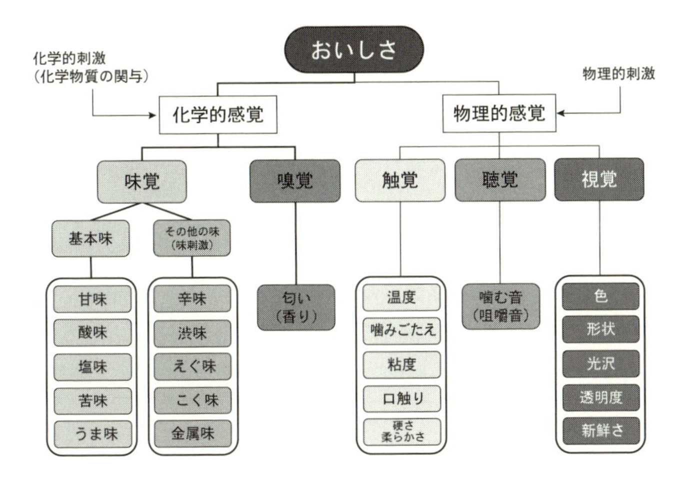

香りと官能検査

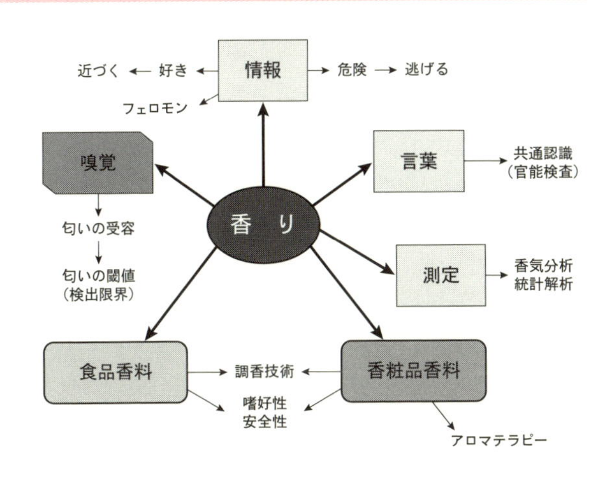

12-2　官能評価の種類

官能評価とは，「ひとの感覚器を用いて，物事の特性，人の感覚，嗜好について測定する技術」であり，香料以外にも，食品から服装，自動車，電化製品，建築など幅広い分野で利用されている。そして，その評価を行うひとを『パネル』と呼ぶ。また，現段階では数値化できない香りの違いを判断するための優れた有効な方法であり，香りの官能評価は統計的に判定される。

官能検査はその目的によって分析型官能評価と嗜好型官能評価がある。

①　分析型官能評価

試料（評価対象物）に対して，差の判別や特性の評価をするために行う官能検査で，パネルには高い識別力と客観的かつ再現性のある判断力が求められる。

パネル（評価をする人）には事前に識別テストを受けてもらい，一定水準以上の差異や濃度を識別できるか確認して行う。そのため，一定の選定試験の後，訓練を積んだ経験者（専門パネル）が必要とされる。

分析型官能評価は，出荷検査，工程管理，処理効果の検出，品評会などで使われている。また，訓練されたパネルによる評価の場合は少人数でよく，1～10 人程度で実施される。

②　嗜好型官能評価

試料に対して，パネルの好みを調査するために行う官能検査であり，評価するものに対し，好き嫌いが判断できるひとであれば誰でもパネルになることが可能で，消費者の代表としての嗜好調査や消費者調査で利用される。そのため，パネルを選ぶに当たり，その属性（年齢，性別，生活環境，喫煙の有無など）が評価結果に影響を及ぼすかどうかを考慮する必要がある。パネルの規模も一般に 100 名以上と言われるが，開発途中や研究室レベルの調査では 30 名程度で行われることが多い。パネルの数は多ければ多いほど市場の状況を正しく調査することができるが，調査にかかる日数や費用も考慮して必要最低限で行う必要がある。

嗜好型官能評価と分析型官能評価

嗜好型官能評価（主観的）		分析型官能評価（客観的）
ひと（評価者）	評価用語	対象

- ひとの感じ方を測る
- 好き嫌いを問う
- パネルが理解できる用語で評価
- パネル数十から数百名必要

- 対象に物性を測る
- 特徴とその強さを数値化
- 定量的記述分析法（QDA 法）
- ２点識別試験法
- 専門用語で評価
- パネル数名から数十名

官能検査の適用分野と主な手法

	適用分野	問題の形式	手法
A	新製品開発 全くの新製品 他社や既存製品の変形	・試作品の品質特性描写 ・標準品と比較して，試作品の検討を行う。	・プロファイル法，QDA 法 ・2 点，3 点識別法，カテゴリー尺度法，採点法 ・2 点，3 点嗜好法，順位法，嗜好尺度法
B	製品の品質改善 工程改善 コスト削減 新原料の選択	・試作品が標準品に比べ差があるか。 ・試作品が標準品に比べて好まれているか。	・2 点，3 点識別法，カテゴリー尺度法，採点法 ・2 点，3 点嗜好法，順位法，嗜好尺度法
C	製品品質の維持	・標準品に比べ差があるか。	・2 点，3 点識別法，カテゴリー尺度法，採点法
D	製品の保存性	・保存品が標準品に比べ差があるか。 ・品質変化の程度の尺度化と特性描写	・2 点，3 点識別法，カテゴリー尺度法，採点法 ・カテゴリー尺度法，QDA 法
E	品評会，鑑評会	・出品資料の格付け，採点	・格付け法，採点法 ・カテゴリー尺度法
F	新製品または改良品の市場テスト	・評価したいサンプルが 1 点の場合 ①対象品がない場合 ②対象品と比較する場合 ・評価したいサンプル r が数点の場合	・嗜好尺度法，嗜好意欲尺度法，SD 法 ・2 点，3 点嗜好法，嗜好尺度法，嗜好意欲尺度法，SD 法 ・順位法，一対比較法，嗜好尺度法，嗜好意欲尺度法，SD 法

12-3　官能評価のやり方

官能評価はパネルの属性以外にも，パネルに試料をどのように評価させるかという点によってさまざまな分類がある。そのため，調査の目的に沿って，適切な方法を選ぶ必要がある。さらに評価方法には適切な統計分析を行なう必要があり，詳しい方法については，専門書の解説を参照するようにしてほしい。

食品の識別調査や嗜好調査では次のような様々な方法が使い分けられて使用されている。

①　差異のある2種の試料を，ある特性に妥当な方を識別，あるいは嗜好を比較する方法で2点試験法，3点試験法，1対2点識別法などがある。

②　サンプルが3点以上で，その特性に従ってサンプルの官能特性や好ましさの分類，順序付ける手法で，順位法，格付け法，一対比較法がある。

③　サンプルの総合的な特性を質的そして量的に特徴付けるような，特性を総合的に評価する手法で採点法，SD法，QDA法，フレーバープロファイル法などがある。

④　SD法（semantic differential method）　試料のもつ特性（印象）を正確にかつ詳細に描写するために，たとえば「良い―悪い」「重い―軽い」「男性的―女性的」などの対象用語を両端に置き，5〜9段階の評価尺度を10〜20個提示した上で評価をする方法で，まとめ方として，各項目の平均値をそのまま平均プロフィールとしてグラフ化して傾向を見ることができる。さらに因子分析や主成分分析などの多変量解析という統計手段を使って，基本的なイメージ構造を探ることもできる。

⑤　QDA法（quantitative descriptive analysis）　フレーバープロファイル法をより客観的なデータが出られるように改良した方法で，ひとを分析型パネルとし，評価するものに合わせて作成した官能用語（フレッシュな香り，甘い香り，香ばしい香りなど）に基づいてその特性を定量化する方法で，目的の製品はどんな味や香りがするのか，他の製品とどのような点がどのぐらい異なるのかといった特徴を明らかにすることができる。さらに分散分析や主成分分析などの統計解析にかけて，レーダーチャートにより品質特性が視覚的に描写され，その特性との関連づけに役立てている。

官能評価の進め方（QDA 法）

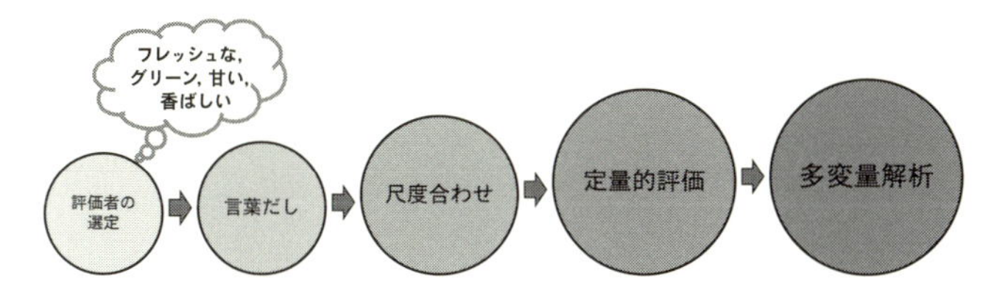

1. 評価対象の決定
2. 評価者（パネル）の選定→トレーニング
3. 評価用語の選定→言葉出し
4. 尺度合わせ
5. 定量的評価→官能評価
6. 統計解析→多変量解析

ODA 法データ解析に用いられる統計解析手法

目的	手法	備考
サンプルを比較する	T 検定（2 サンプル） ANOVA，多重比較法（3 サンプル以上）	特性の強弱の違いに意味があるかどうかを統計的に判断する
似たサンプルをまとめる	クラスター分析	特性の強弱に基づき，似たサンプルを群（クラスター）にまとめる
サンプル群の特徴を見出す	判別分析	複数のサンプルで構成されるサンプル群を対象に，しれらのグループを特徴付ける（見分ける）ために重要な特性を見出す
結果（サンプル／特性）の全体像を把握する	主成分分析	QDA で得られた多特性（多次元）データを少数の因子に集約し，全体として特徴の把握を助ける
特性の関連性を確認する	相関分析（2 特性） クラスター分析（多特性）	2 つ以上の特性を対象に，特生性同士の関係性を明らかにし，データの解析は役立てる
パネルの特性に対する認識の一致度を確認する	プロクラステス分析	各特性についてパネリストがどのサンプルを強く（弱く）評価しているかを明らかにすることにより，パネルの全体の評価の一致度を測る

13

安全性と品質管理

私たちの身の周りにある様々な製品には香料が使われている。香料の種類が増え，その用途も拡大している現在，製品を安心して利用できるよう，香料の安全性に関して，使用する香料の種類や使用目的が法律によって規制されている。

13-1　日本における香料の法規制

13-1-1　食品香料（フレーバー）

食品香料に関する法律は世界共通のものはなく，多くの国や地域では，それぞれの規制方式を採用している。日本では，食品衛生法によって香料を「食品の製造または加工の工程で，香気を付与または増強するために添加される添加物及びその製剤」と定義している。

食品添加物は，保存料，甘味料，着色料，香料など，食品の製造過程または食品の加工・保存の目的で使用されるもので，原則として，食品衛生法第10条に基づいて，厚生労働大臣の指定を受けた添加物（指定添加物）だけを使用することができる。指定添加物以外で添加物として使用できるのは，既存添加物，天然香料，一般飲食物添加物のみと食材に限られる。

指定添加物は食品衛生法施行規則別表1に収載されており，472品目中に香料は132品目と18類別で記載され規定されている。18類別は現段階で3,253のリストが厚生労働者から提示されている（2021年現在）。

天然香料は動植物から得られる天然の物質で，食品に香りを付ける目的で使用されるもの（バニラ香料，カニ香料など）である。具体的には，その天然香料基原物質リストに収載されている612品目の植物原料や動物原料から抽出して得られた成分またはこれを複数組み合わせたものである。

13-1-2　香粧品香料（フレグランス）

香水や化粧品，浴用剤，医薬部外品に使用される香粧品香料は，薬機法（医薬品，医療機器等の品質，有効性及び安全性の確保等に関する法律）の対象となる。また，芳香剤など日用品は雑貨として分類されるため薬機法の対象外であるが，化学物質である香料が使われるため化審法（化学物質の審査及び製造等の規制に関する法律）で規制される。一部，台所用洗剤などの香料は，食品衛生法の規制を受けるものもある。

食品衛生法別表第１　付録　規則別表第４

イソチオシアネート類	インドール及びその誘導体	エーテル類
エステル類	ケトン類	脂肪酸類
脂肪族高級アルコール類	脂肪族高級アルデヒド類	脂肪族高級炭化水素類
チオエーテル類	チオール類	テルペン系炭化水素類
フェノールエーテル類	フェノール類	フルフラール及びその誘導体
芳香族アルコール類	芳香族アルデヒド類	ラクトン類

香料に関する法律

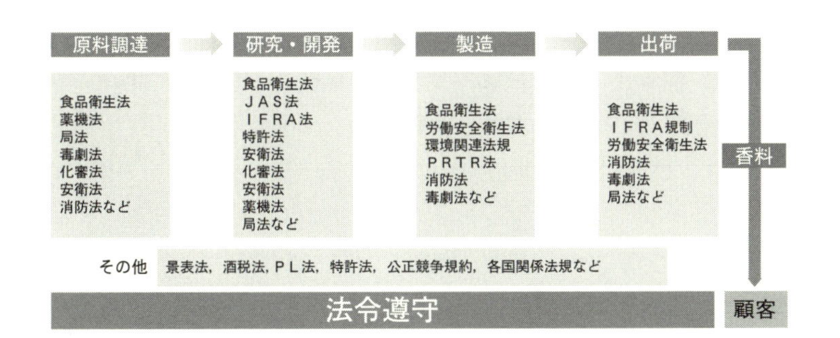

香料に関する主な法律

食品衛生法	食品衛生法は食品の安全性の確保のために公衆衛生の見地から必要な規制その他の措置を講ずることにより，飲食に起因する衛生上の危害の発生を防止し，もって国民の健康の保護を図ることを目的としており，主な食品営業の他，食品，添加物，器具，容器包装等を対象に飲食に関する衛生について規定している
薬機法　※旧薬事法 （医薬品，医療機器等の品質，有効性及び安全性の確保等に関する法律）	医薬品，医薬部外品，化粧品，医療機器及び再生医療等製品の品質，有効性及び安全性の確保並びにこれらの使用による保健衛生上の危害の発生及び拡大の防止のために必要な規制を行うとともに，指定薬物の規制に関する措置を講ずるほか，医療上特にその必要性が高い医薬品，医療機器及び再生医療等製品の研究開発の促進のために必要な措置を講ずることにより，保健衛生の向上を図ることを目的とする法律
化審法 （化学物質の審査及び製造等の規制に関する法律）	人の健康を損なうおそれ又は動植物の生息・生育に支障を及ぼすおそれがある化学物質による環境の汚染を防止することを目的とする法律

13-2　食品香料の安全性

食品香料は食品に添加されることから，摂食による安全性評価されなければならない。一般的に香料は，他の添加物あるいは添加剤と比較すると最終製品中の濃度が極めて低く，安全性リスクが少ないと考えられてきた。また，世界中で使用されている香料化合物は数千品目に上り，それらを従来の毒性試験によって個々に評価するには，膨大な費用と時間を要する。このような理由から国際的に効率的な安全性評価が実施されている。

現在，国際的にはFEMA（Flavor and Extract Manufacture's Association of the United States：米国食品香料工業会）が安全性の評価試験を行っている。その後，そのデータをもとに国連機関JECFA（FAO/WHO Join Expert Committee on Food Additives：FAO/WHO合同食品添加物専門家委員会）が香料の安全性について，科学的および技術的な観点から評価し，香料としての安全性が確かめられている。わが国では基本的には，この方法を基本としているが，個々にAmes試験（変異原性試験），遺伝毒性試験，小核試験，90日慢性毒性試験を経てその毒性を評価するシステムが取られている。

① FDAおよびFEMA GRASリストを法規へ取り組んでいる国
アルゼンチン，ブラジル，チェコ，エジプト，パラグアイ，プエルトリコ，ウルグアイ，アメリカ合衆国およびその領土

② 原則的にFDAおよびFEMA GRASリストを法規へ取り組んでいる国(参考にしている国，データを利用している国も含む)
オーストラリア，オーストリア，ブルガリア，チリ，インドネシア，メキシコ，ニュージーランド，パナマ，ペルー，フィリピン，タイなど40か国以上

現在，IOFI（International Organization of Flavor Industry：国際食品香料工業協会）では，世界における香料規制のグローバル化に向けて活動中である。

安全性から見た食品香料の特徴

■ほとんどは食品の常在成分である

◆現在約 7,000 の揮発性成分が食品から見出されている

■摂取量は微量で，多成分である

◆食品中の香気成分は単一成分としては 1 ppm 以下のことが多い

香気成分の総量	リンゴ	約 350 種→10 ppm
	ワイン	600～800 種→800～1200 ppm
	紅茶	600 種→100 ppm

■自己規制される

◆香料の過量使用は嗜好性を悪くする

■一般に単純な化学構造を有する

◆揮発性を有するため，ほとんどが分子量は 300 以下
◆構成元素は炭素，水素，酸素，窒素，硫黄
◆構造的に鎖状，単環，複素環化合物

食品香料の安全性に関わる国際組織

JECFA FAO/WHO Join Expert Committee on Food Additives （FAO/WHO 合同食品添加物専門家委員会）	国連の食糧農業機関（FAO）及び世界保健機関（WHO）により設立 CAC（FAO/WHO 合同食品規格委員会）に科学的な提言をする委員会 各国の食品添加物の専門家や毒性学者らが，食品添加物の安全性を科学的および技術的な観点から評価し，一日摂取許容量（ADI）や成分規格の設定を行っている
IOFI International Organization of Flavor Industry （国際食品香料工業協会）	1969 年設立 食品香料に関する規制の国際整合化と法規・安全性問題に対処するため各国，地域の代表する団体が参加する非営利の国際組織として設立 日本においては，日本香料工業会が 1970 年に加盟している
FEMA Flavor and Extract Manufactures Association of the United States （米国食品香料工業会）	1973 年設立（現事務局：ブリュッセル） アメリカの食品香料を製造または使用する企業などを会員とする団体であり IOFI に加盟している 主要な活動は以下の通り ①安全性評価 ②トレードシークレットの保護 ③FEMA GRAS リストの発表 ④政府および国際的な規制への対応 ⑤米国 FCC 規格 8 Food Chemical Codex）の発行および国際組織で使用されるフレーバー成分の規格作成などへの参加

13-3　香粧品香料の安全性

香粧品香料は薬機法の対象ではあるが，行政による規制は行われていない。しかし化粧品や育毛剤など医薬部外品は，肌に直接使用することから，皮膚に対する安全性が求められる。そこで香料の安全性評価を行うため，日本を含めた香料会社を主体に国際的な組織，IFRA（International Fragrance Association：国際香粧品香料協会）とRIFM（The Research Institute for Fragrance Materials,Inc：香粧品香料原料安全性研究所）を設立し自主規制として運用している。

13-3-1　皮膚毒性

①　皮膚刺激性　　皮膚に接触した場合に生じる免疫系を介さない炎症性反応

②　皮膚感作性　　化学物質による過剰な免疫反応による皮膚の炎症現象

③　光毒性　　光が関与して皮膚に免疫系を介さない炎症反応

④　光感作性　　光が関与して引き起こす皮膚に免疫系アレルギー反応

13-3-2　全身的毒性

①　急性毒性　　化学物質などの曝露を1回または短時間内に複数回受けた時に生ずる毒性作用

②　生殖毒性　　化学物質や物理的要因が，生殖能力，生殖過程で有害性を与える性質

③　遺伝毒性　　放射線や化学物質が，生物の遺伝子の障害を与える性質

④　発がん性　　遺伝子に不可逆な損傷を与え，正常な細胞を癌（悪性腫瘍）に変化させる性質

13-3-3　曝露量の測定

RIFMで香粧品製品中の香料のリスクをその使用・用途に応じて，定量的に割り出し，IFRAでは，その評価結果に基づき，香料を安全に使用するためのIFRAスタンダードを定め，更新が続いている。

香粧品香料の安全性に関わる国際組織

IFRA International Fragrance Association （国際香粧品香料協会）	1973年設立（現事務局：ブリュッセル） 香粧品香料の安全性と規制に対応する非営利の国際的組織で，消費者が香料のもつ利便性を十分に利用できるよう，安全性を確保するために設立 アジア，EU，アメリカ地区のフレグランス（香粧品香料）製造者団体が加盟 日本は設立と同時に加盟している 誓約：消費者や環境に対し，安全な製品の供給に専心する。IFRA 実施要項を作成，履行している。RIFM によって行われた香粧品香料素材の安全性評価に基づき，IFRA スタンダード（規制）を発効 会員団体の各企業は IFRA スタンダードを遵守し消費者保護に努めている http://www.ifraorg.org/
RIFM The ResearchInstitute for Fragrance Materials, Inc （香粧品香料原料安全性研究所）	1966年設立（米国NJ州） フレグランス（香粧品香料）素材の安全性に関する研究を行う非営利団体である研究機関として設立 世界各国の香料会社や化粧品会社などが会員となっている 国際的な毒物学者，薬理学者，皮膚科学者，環境科学者等からなる産業界から独立した REXPAN（RIFM エキスパートパネル）が評価を行う RIFM はあくまで化学的リスク評価を行う機関であり，使用制限，使用禁止など自主規制を行うのが IFRA である

IFRA　製品カテゴリー（抜粋）

カテゴリー	製品タイプ
1	リップ製品，玩具
2	制汗剤，デオドラント剤
3	シェービング直後に使う含水アルコール製品，アイメイク化粧品 男性フェイシャル，タンポン，ベビークリーム他
4	シェービングしていない皮膚に使う スプレーヘアースタイル，ボディークリーム，香水キット，フットケア製品他
5	女性用フェイシャルクリーム，メークアップ化粧品 ベビーパウダー，ヘアパーマ他
6	マウスウォッシュ，歯磨き
7	ベビー用ウェットティッシュ 皮膚に適用する昆虫忌避剤
8	メークアップ除去剤，ヘアスタイリング剤，ネイルケア，ヘアダイ
9	シャンプー，コンディショナー（リンス），リキッドソープ シェービングクリーム，除毛剤，ボディーソープ 浴用剤，ナプキン，ペーパータオルなど15サブカテゴリー
10	洗濯用洗剤，柔軟剤，家庭用洗浄剤，食器用洗剤 ペットシャンプーなど10サブカテゴリー
11	皮膚接触のないもの，あるいは偶発的な接触しかないもの キャンドル，練香，ポプリなど27のサブカテゴリーに分かれている

付録１　主要植物天然香料

精油名	科名	採油部位	採油法
アニス	セリ科	種子	溶剤抽出・水蒸気蒸留
イランイラン	バンレイシ科	花	水蒸気蒸留
オークモス	ウメノキゴケ科	コケ	溶剤抽出
オリス（イリス）	アヤメ科	根茎	水蒸気蒸留
オレンジ	ミカン科	果実	圧搾
ガーリック	ヒガンバナ科	球根	水蒸気蒸留
カプシカム（トウガラシ）	ナス科	実	溶剤抽出
カモミール	キク科	花	水蒸気蒸留
カルダモン	ショウガ科	実	水蒸気蒸留
ガルバナム	セリ科	樹皮	水蒸気蒸留
キャラウェイ	セリ科	実	水蒸気蒸留
クミン	セリ科	実	水蒸気蒸留
クラリセージ	シソ科	全草	水蒸気蒸留・溶剤抽出
グレープフルーツ	ミカン科	果皮・果実	圧搾
クローブ	フトモモ科	葉・蕾	水蒸気蒸留
サイプレス	ヒノキ科	葉	水蒸気蒸留
サンダルウッド	ビャクダン科	幹・樹皮	水蒸気蒸留
シトロネラ	イネ科	葉	水蒸気蒸留
シナモン	クスノキ科	樹皮・葉	水蒸気蒸留
ジャスミン	モクセイ科	花	溶剤抽出
ジュニパーベリー	ヒノキ科	果実	水蒸気蒸留・溶剤抽出
ジンジャー	ショウガ科	根	水蒸気蒸留
スペアミント	シソ科	全草	水蒸気蒸留
セダ—ウッド	マツ科	樹幹・樹皮	水蒸気蒸留
ゼラニウム	フウロソウ科	枝葉	水蒸気蒸留
タイム	シソ科	葉	水蒸気蒸留
ダバナ	キク科	全草	水蒸気蒸留
チュベローズ	キジカクシ科	花	水蒸気蒸留
ティートリー	フトモモ科	葉	溶剤抽出
ネロリ	ミカン科	花	水蒸気蒸留
バジル	シソ科	葉	水蒸気蒸留
パチュリ	シソ科	葉	水蒸気蒸留
バニラ	ラン科	果実（豆鞘）	溶剤抽出
ビターアーモンド	バラ科	核	圧搾・水蒸気蒸留
フェヌグリーク	マメ科	種子	溶剤抽出
ブラックペッパー	コショウ科	果実	水蒸気蒸留
フランキンセンス（オリバナム）	カンラン科	樹皮	水蒸気蒸留・溶剤抽出
ベチバー	イネ科	根	水蒸気蒸留
ペパーミント	シソ科	花・葉	水蒸気蒸留
ペニーロイヤル	シソ科	全草	水蒸気蒸留
ペリラ（シソ）	シソ科	全草	水蒸気蒸留
ベルガモット	ミカン科	未熟果皮	圧搾
マジョラム	シソ科	花・枝	水蒸気蒸留
ミルラ	カンラン科	樹皮・樹脂	溶剤抽出・水蒸気蒸留
レモンバーム（メリッサ）	シソ科	葉	水蒸気蒸留
ユーカリ	フトモモ科	葉	水蒸気蒸留
ラバンジン	シソ科	花	水蒸気蒸留・溶剤抽出
ラベンダー	シソ科	花	水蒸気蒸留・溶剤抽出
ラブダナム	ハンニチバナ科	樹皮・植物体	溶剤抽出・水蒸気蒸留
レモン	ミカン科	果皮・果実	圧搾
レモングラス	イネ科	葉	水蒸気蒸留
ローズ	バラ科	花	溶剤抽出・水蒸気蒸留
ローズマリー	シソ科	花・葉	水蒸気蒸留

○食品香料
●香粧品香料

主な成分	用途
アネトール，アニスアルデヒド，エストラゴール，リナロール	○●
酢酸ベンジル，リナリール，*p*-クレジルメチルエーテル，α-ファルネセン	●
エベルニン酸エチル，β-オルシノールカルボン酸メチル，α-ツヨン	○●
α-イロン，γ-イロン，ミリスチン酸エチル，β-シクロシトラール	○●
d-リモネン，オクタナール，オクタナール，リナロール	○●
ジアリルジスルフィド，ジアリルトリスルフィド，アリルメチルジスルフィド，アリシン	○
カプサイシン，ジヒドロカプサイシン	○
ビサボロールオキサイド，カマズレン，アンゲリカ酸イソアミル，イソ酪酸イソアミル	○●
1,8-シネオール，酢酸ターピニル，リナロール，α-ターピネオール，ターピネン-4-オール	○●
β-ピネン，α-ピネン，δ-3-カレン，ミルセン，オシメン	●
d-カルボン，*d*-リモネン，カルベオール	○●
クミンアルデヒド，γ-ター―ピネン，β-ピネン，*p*-サイメン	○●
酢酸リナリル，リナロール，，スクラレオール，酢酸ゲラニル，酢酸ネリル	○●
d-リモネン，ヌートカトン，オクタナール，デカナール，バレンセン，*p*-1-メンテン-8-チオール	○●
オイゲノール，酢酸オイゲニル，β-カリオフィレン，β-カリオフィレンオキサイド，メチルオイゲノール	○●
α-ピネン，δ-3-カレン，セドロール，酢酸ターピニル	○●
α-サンタロール，β-サンタロール，ランセオール	●
シトロネラール，シトロネロール，ゲラニオール，酢酸シトロネル，酢酸ゲラニル，オイゲノール	○●
シンナミックアルデヒド，酢酸シンナミル，オイゲノール，シンナミルアルコール	○●
酢酸ベンジル，安息香酸ベンジル，ジャスミンラクトン，α-ファルネセン，インドール	○●
α-ピネン，ミルセン，サビネン，ターピネン-4-オール	○●
ジンゲロン，ジンジベレン，α-クルクメン，1.8-シネオール，カンフェン，β-ビサボレン	○●
ℓ-カルボン，ℓ-リモネン，1,8-シネオール，酢酸カルベニル，アネトール	○●
α-セドレン，β-セドレン，セドロール，ツヨプセン	●
シトロネロール，ゲラニオール，リナロール，ギ酸シトロネリル，イソメントン	●
チモール，*p*-サイメン，γ-ターピネン，リナロール，カルバクロール	○●
ダバノン，ダバナエーテル，桂皮酸エチル，リナロール，2-メチル酪酸2-メチルブチル	○●
安息香酸ベンジル，メチルイソオイゲノール，アンスラニル酸メチル，ジャスミンラクトン，ファルネソール，安息香酸メチル	●
ターピネン-4-オール，γ-ターピネン，α-ターピネン，1,8-シネオール，ターピノレン	●
リナロール，酢酸リナリル，β-オシメン，α-ターピネオール，アンスラニル酸メチル	○●
エストラゴール，リナロール，メチルチャビコール，1,8-シネオール，オイゲノール，	○●
パチュリアルコール，ブルネセン，グアイエン，パチュレン，β-カリオフィレン	●
バニリン，グアイアコール，オイゲノール	○●
ベンズアルデヒド，ベンジルアルコール	○●
シクロテン，ソトロン（シュガーラクトン）	○
β-カリオフィレン，β-ピネン，サビネン，ピペリン	○●
α-ピネン，リモネン，*p*-サイメン，ミルセン，β-ピネン，サビネン，ターピネン-4-オール	●
ベチベロール，ベチボン	●
ℓ-メントール，ℓ-メントン，イソメントン，酢酸メンチル，プレゴン	○●
プレゴン，ℓ-メントン，イソメントン，ピペリトン，イソプレゴン，1-オクテン-3－オール	○●
ペリルアルデヒド，ℓ-リモネン，β-カリオフィレン，ペリラアルコール	○●
d-リモネン，酢酸リナリル，リナロール，β-ピネン，ベルガモテン	○●
ターピネン－4-オール，サビネンハイドレート，サビネン，α-ターピネオール，酢酸リナリル	○●
クズレン，クルゼノン，（樹脂70%，精油5%）	●
シトラール，シトロネラール，β-カリオフィレン，酢酸ゲラニル，リナロール	○●
1,8-シネオール，α-ピネン，ピペリトン，シトロネラール，酢酸ゲラニル	○●
リナロール，酢酸リナリル，*d*-カンファー，ボルネオール，β-オシメン	●
酢酸リナリル，リナロール，β-オシメン，ターピネン-4-オール，酢酸ラバンデュリル，ラバンジュロール	○●
α-ピネン，シス-3-ヘキセノール，トランス-2-ヘキセノール，酢酸ボルニル，ボルネオール	○●
d-リモネン，β-ピネン，シトラール，シトロネラール，酢酸ゲラニル	○●
シトラール，シトロネラール，ゲラニオール，酢酸ゲラニル，エレモール	○●
シトロネロール，ゲラニオール，フェニルエチルアルコール，ネロール，酢酸ゲラニル	○●
β-カリオフィレン，1,8-シネオール，α-ピネン，*d*-カンファー，ボルネオール	○●

付録 2　基本的な合成香料（記憶訓練用）

1	Terpinolene		FL	46	Lilial（Lily aldehyde）	FR	
2	β-Myrcene		FL	47	Lyral	FR	
3	*d*-Limonene	FR	FL	48	Methyl undecanal	FR	
4	γ-Terpinene		FL	49	Cyclamen aldehyde	FR	
5	α-Pinene	FR	FL	50	α-Amyl cinnamic aldehyde	FR	
6	β-Pinene	FR	FL	51	α-Hexyl cinnamic aldehyde	FR	
7	Farnesene		FL	52	Acetaldehyde diethyl acetal		FL
8	Valencene		FL	53	Diacetyl		FL
9	Isoamyl alcohol		FL	54	Acetoin		FL
10	Hexanol		FL	55	2-Heptanone		FL
11	*cis*-3-Hexenol	FR	FL	56	2-Nonanone		FL
12	*trans*-2-Hexenol		FL	57	2-Undecanone		FL
13	Octanol		FL	58	Heliotropin	FR	FL
14	1-Octen-3-ol		FL	59	*ℓ*-Carvone		FL
15	Furfuryl alcohol		FL	60	*ℓ*-Menthone		FL
16	*cis*-6-Nonenol		FL	61	Nootkatone		FL
17	3,6-Nonadienol		FL	62	*d*-Camphor		FL
18	Linalool	FR	FL	63	Pulegone		FL
19	Geraniol	FR	FL	64	Raspberry ketone	FR	FL
20	Citronellol	FR	FL	65	α-Ionone	FR	FL
21	Nerol	FR	FL	66	β-Ionone	FR	FL
22	α-Terpineol	FR	FL	67	Methyl ionone	FR	
23	Terpinen-4-ol	FR	FL	68	β-Damascone	FR	FL
24	*ℓ*-Menthol		FL	69	β-Damascenone	FR	FL
25	Borneol		FL	70	*cis*-Jasmone	FR	FL
26	Phenylethyl alcohol	FR	FL	71	Methyl β-naphthyl ketone	FR	FL
27	Cinnamic alcohol	FR	FL	72	Maltol		FL
28	Anisyl alcohol	FR	FL	73	Ethyl maltol		FL
29	Isovaleraldehyde		FL	74	Cyclotene		FL
30	Hexanal		FL	75	Furaneol		FL
31	*trans*-2-Hexenal		FL	76	Acetic acid		FL
32	Octanal		FL	77	Propionic acid		FL
33	Nonanal		FL	78	Butyric acid		FL
34	Decanal		FL	79	Isovaleric acid		FL
35	Undecanal		FL	80	Valeric acid		FL
36	2,6-Dimethyl-5-hepten-1-al（Melonal）		FL	81	2-Methyl butyric acid		FL
37	*cis*-6-Nonenal		FL	82	Hexanoic acid		FL
38	Citral	FR	FL	83	Octanoic acid		FL
39	Citronellal	FR	FL	84	Decanoic acid		FL
40	Benzaldehyde		FL	85	Dodecanoic acid		FL
41	Cinnamic aldehyde		FL	86	Anethole	FR	FL
42	Hydroxy citronellal	FR		87	1,8-Cineole	FR	FL
43	Vanillin	FR	FL	88	Thymol		FL
44	Ethyl vanillin		FL	89	β-Naphthol methyl ether（Yara yara）	FR	FL
45	Anis aldehyde	FR	FL	90	Linalool oxide	FR	FL

91	Rose oxide	FR	FL	126	Ethyl decanoate		FL
92	Eugenol	FR	FL	127	Ethyl dodecanoate		FL
93	Isoeugenol	FR		128	Ethyl lactate		FL
94	Guaiacol		FL	129	Geranyl acetate	FR	FL
95	Coumarin	FR		130	Linalyl acetate	FR	FL
96	γ-Hexalactone		FL	131	Terpinyl acetate	FR	FL
97	γ-Octalactone		FL	132	Neryl acetate	FR	FL
98	γ-Nonalactone		FL	133	Citronellyl acetate	FR	FL
99	γ-Decalactone	FR	FL	134	ℓ-Menthyl acetate		FL
100	γ-Undecalactone	FR	FL	135	Benzyl acetate	FR	FL
101	γ-Dodecalactone		FL	136	Phenylethyl acetate	FR	FL
102	δ-Octalactone		FL	137	Styrallyl acetate	FR	FL
103	δ-Nonalactone		FL	138	Dimethyl benzyl carbinyl acetate		FL
104	δ-Decalactone		FL	139	Ethyl phenylacetate		FL
105	δ-Undecalactone		FL	140	Ethyl methyl phenyl glycidate		FL
106	δ-Dodecalactone		FL	141	Methyl cinnamate	FR	FL
107	Jasmine lactone	FR	FL	142	Methyl salicylate	FR	FL
108	Ethyl acetate		FL	143	Methyl anthranilate	FR	FL
109	Butyl acetate		FL	144	Methyl *N*-methyl anthranilate		FL
110	Isoamyl acetate		FL	145	Methyl jasmonate		FL
111	2-Methylbutyl acetate		FL	146	Methyl dihydrojasmonate（Hedione）	FR	FL
112	Hexyl acetate		FL	147	Allyl cyclohexyl propionate		FL
113	*cis*-3-Hexenyl acetate		FL	148	Methyl 3-methylthiopropionate		FL
114	Octyl acetate		FL	149	Indole	FR	FL
115	Ethyl propionate		FL	150	α-Furfuryl mercaptan		FL
116	Ethyl butyrate		FL	151	Dimethyl sulfide		FL
117	Butyl butyrate		FL	152	Allyl isothiocyanate		FL
118	Isoamyl butyrate		FL	153	Sulfurol		FL
119	Ethyl 2-methylbutyrate		FL	154	Sandeol	FR	
120	Ethyl isovalerate		FL	155	Iso-E super（Patchouli ethanone）	FR	
121	Isoamyl isovalerate		FL	156	Ethylene brassyrate	FR	
122	Ethyl hexanoate		FL	157	Galaxolide	FR	
123	Allyl hexanoate		FL	158	Muscone	FR	
124	Ethyl acetoacetate		FL	159	Pentadecalanolide	FR	
125	Ethyl octanoate		FL	160	Ambrox	FR	

付録3　合成香料第一印象評価例

	名　称		第一印象（イメージ）
1	*d*-リモネン	*d*-Limonene	オレンジ
2	1-オクテン-3-オール	1-Octen-3-ol	マツタケ，シイタケ
3	ゲラニオール	Geraniol	バラ
4	α-ターピネオール	α-Terpineol	ライム
5	シス-3-ヘキセノール	*cis*-3-Hexenol	イチゴ
6	トランス-2-ヘキセノール	*trans*-2-Hexenol	リンゴ
7	シス-6-ノネノール	*cis*-6-Nonenol	マスクメロン
8	β-フェニルエチルアルコール	β-Phenylethyl alcohol	ワイン，バラ
9	ℓ-メントール	ℓ-Menthol	ミント
10	リナロール	Linalool	紅茶
11	オイゲノール	Eugenol	クローブ（丁子）
12	エチルバニリン	Ethyl vanillin	クリミーなバニラ
13	バニリン	Vanillin	粉っぽいバニラ
14	オクタナール	Octanal	オレンジ
15	シトラール	Citral	レモン
16	シトロネラール	Citronellal	サンショウ
17	シンアミックアルデヒド	Cinnamic aldehyde	ニッキ（シナモン）
18	デカナール	Decanal	ピール様のオレンジ
19	トランス-2-ヘキセナール	*trans*-2-Hexenal	甘いリンゴ
20	ヘキサナール	Hexanal	青々した草
21	ℓ-ペリラアルデヒド	ℓ-Perillaldehyde	シソの葉（大葉）
22	ベンズアルデヒド	Benzaldehyde	杏仁豆腐
23	1,8-シネオール	1,8-Cineole	ユーカリ
24	ジアセチル	Diacetyl	バター，発酵臭
25	アセトイン	Acetoin（Acetyl methyl carbinol）	バター
26	イオノン	Ionone	抹茶，ラズベリー
27	エチルマルトール	Ethyl maltol	グラニュー糖
28	ℓ-カルボン	ℓ-Carvone	スペアミント
29	シクロテン	Cyclotene	メープル
30	ヌートカトン	Nootkatone	グレープフルーツ
31	2-ノナノン	2-Nonanone	ブルーチーズ
32	ℓ-メントン	ℓ-Menthone	冷たいミント
33	ラズベリーケトン	Raspberry ketone	乾燥したラズベリー
34	β-ダマセノン	β-Damascenone	果実の甘さ，リンゴの蜜
35	カプリル酸（オクタン酸）	Octanoic acid	クリーム
36	カプリン酸（デカン酸）	Decanoic acid	ファティなクリーム
37	酪酸	Butyric acid	チーズ，甘いミルク
38	γ-ノナラクトン	γ-Nonalactone	ココナッツ
39	γ-ウンデカラクトン	γ-Undecalactone	ピーチ
40	δ-デカラクトン	δ-Decalactone	ミルク
41	δ-ドデカラクトン	δ-Dodecalactone	バター

42	酢酸ブチル	Butyl acetate	リンゴの果肉感
43	酢酸ヘキシル	Hexyl acetate	リンゴの皮
44	酢酸イソアミル	Isoamyl acetate	バナナ
45	酢酸シス-3-ヘキセニル	*cis*-3-Hexenyl acetate	草の茎，イチゴ
46	酢酸ゲラニル	Geranyl acetate	ローズ
47	酢酸リナリル	Linalyl acetate	ラベンダー
48	酢酸ベンジル	Benzyl acetate	ジャスミン
49	酢酸スチラリル	Styrallyl acetate	ホワイトグレープ，グレープフルーツ
50	プロピオン酸エチル	Ethyl propionate	グレープ
51	酪酸エチル	Ethyl butyrate	イチゴ
52	イソ吉草酸エチル	Ethyl isovalerate	キウイ，ラズベリー
53	カプロン酸アリル（ヘキサン酸アリル）	Allyl hexanoate	パイナップル
54	カプリン酸エチル（デカン酸エチル）	Ethyl decanoate	ラム，ブランデー
55	サリチル酸メチル	Methyl salicylate	湿布薬
56	アンスラニル酸メチル	Methyl anthranilate	コンコードグレープ
57	メチルフェニルグリシド酸エチル	Ethyl methyl phenyl glycidate（AldehydeC-16）	かき氷様イチゴ
58	イソチオシアン酸アリル	Allyl isothiocyanate	ワサビ
59	ジメチルスルフィド	Dimethyl sulfide	コーン
60	フルフリルメルカプタン	Furfuryl mercaptan	コーヒー焙煎臭

索　引

あ　行

か　行

さ　行

た　行

な　行

は　行

ま　行

や　行

ら　行

わ　行

アルファベット

一般社団法人フレーバー・フレグランス協会について

フレーバーおよびフレグランス（香り）の専門家の育成，および教育を目的とし，2017年1月4日に設立。

1. 事業概要

・フレーバー・フレグランスに関する検定資格試験の主催，実施
・フレーバー・フレグランスに関するセミナーの開催
・フレーバー・フレグランスの正しい知識の普及を目的とした教材開発
・フレーバー・フレグランスの正しい知識の普及を目的とした人材育成支援
・フレーバー・フレグランスに関する調査・研究

2. 役　員

代表理事　藤森　嶺
（東京農業大学客員教授・農学博士）
業務執行理事　櫻井　和俊（フレグランス担当・農学博士）
業務執行理事　佐無田　靖（フレーバー担当）
業務執行理事　日野原千恵子
（事務局長・GRAZIA Aromatics 代表）
理　事　江崎　一子（元大分香りの博物館館長・医学博士）
理　事　秀島　功（三共出版株式会社）

著者の紹介

櫻井　和俊（さくらい　かずとし）

千葉大学工学部合成化学科卒，農学博士（東京大学　光学活性なテルペン類の合成研究）

職　歴：高砂香料工業株式会社，総合研究所，フレグランス事業本部，研究開発本部，日本化粧品技術者会東京支部幹事，日本香料工業会香粧品委員会，東海大学医療技術短期大学非常勤講師，2019 年 The 49th ISEO（International Symposium of Essential Oils: Wien, Austria）にてベストプレゼンテーション賞，2020 年日本農芸化学会企業研究活動表彰者受賞。

現　職：一般社団法人フレーバー・フレグランス協会業務執行理事，静岡県立静岡がんセンター研究所特別研究員

趣　味：テニス，スキー，旅行，書道，

佐無田　靖（さむた　やすし）

東京農業大学農学部農芸化学科卒

職　歴：曽田香料株式会社フレーバー研究部（開発部），海外開拓部および研究企画管理部長，曽田香料（昆山）資深副総経理，日本香料協会編集事業委員
東京農業大学オープンカレッジにて「香りの科学と美学」で 10 年間，調香の楽しみを教える。

現　職：シニアフレーバリスト
一般社団法人フレーバー・フレグランス協会業務執行理事・フレーバー担当

趣　味：鉄道模型および写真，料理，グルメ探索（食べ歩き。飲み歩き），弓道（学生時代）

日野原　千恵子（ひのはら　ちえこ）

東京農業大学農学部農学科遺伝育種学専攻卒業

職　歴：情報通信企業において研究所勤務，新規事業開発を経て，大学に転職し社会人教育を担当する。また出向先の公益財団法人では組織の運営に携わる。
香り関係では，アロマやハーブ関係の資格を多数取得し，天然香料や和の香りの調合を教えるサロンを主宰する。

現　職：一般社団法人フレーバー・フレグランス協会　業務執行理事・事務局長
植物・香りデザイン協会代表，GRAZIA Aromatics　代表，黄檗売茶流煎茶道教室花草庵主宰

趣　味：道端の雑草写真，植物組織顕微鏡観察，いけばな，占い（数秘術），香道（志野流）と趣味多数。大学 4 年間および社会人 6 年間はチアリーディングに青春を捧げていました！

藤森　嶺（ふじもり　たかね）

早稲田大学教育学部理学科生物学専修卒，東京教育大学（現，筑波大学）大学院理学研究科修士課程修了，農学博士（北海道大学）

職　歴：日本専売公社（現，日本たばこ産業㈱）中央研究所，曽田香料㈱，帯広畜産大学客員教授，玉川大学学術研究所特別研究員，北海道文教大学客員教授，東京農業大学生物産業学部食品香粧学科（現，食香粧化学科）教授

現　職：一般社団法人フレーバー・フレグランス協会代表理事，東京農業大学客員教授，食香粧研究会理事，（一社）アロマフレグランス調律協会顧問，（一社）日本化粧品検定協会顧問，東京医薬専門学校非常勤講師

趣　味：中学 3 年生より下掛宝生流謡曲（師匠：第十三世宗家　宝生欣哉）

エッセンス！　フレーバー・フレグランス

2018年10月10日　初版第1刷発行
2025年 4 月 1 日　初版第4刷発行

©著　者　櫻井和俊
佐無田靖
日野原千恵子
藤森嶺
発行者　秀島功
印刷者　江曽政英

発行所　**三共出版株式会社**
〒101-0051
東京都千代田区
神田神保町3の2
電話 03(3264)5711(代)　FAX 03(3265)5149

一般社団法人日本書籍出版協会・一般社団法人自然科学書協会・工学書協会　会員

Printed in Japan　　印刷・製本：理想社

ISBN978-4-7827-0778-4